教育文化ブックレット 5

新設灌漑用水沿革記

岡山県赤坂郡周匝村外一か村

大館寛太 著／野上祐作 編著

大学教育出版

まえがき

本書は、明治の始め、周匝村《すさい》（現在の岡山県赤磐市周匝）の副戸長を務めていた大館寛太が、私の先祖にあたる野上良太に書き記した追想誌「新設灌漑用水沿革記」を読みやすい形に手直ししたものである。

この追想誌は、男性の平均寿命が四十三、四歳だった時代とは言え、二十五才の若者である大館寛太が周匝という小さな村で繰り広げた壮大なドラマである。この緒言にも記載されているが、私には、後世の人々が当時の状況を知りたいと思うときに何かと役立つことがあるように思われる。なにはともあれ、この痛快なドラマを皆さんもぜひ一読していただきたいと思う次第である。

なにぶん手書きの文章であるため読みにくい箇所がいくつもあったが、書き改めるにあたってはできるだけ原文を尊重することにした。

まず、文中にしばしば登場する「養水」という言葉は、すべて「用水」に統一した。養水は、灌漑・生活用水のことで、暮らしを支え命を養う水を指すが、現在ではあまり使われていない。また、「惣代」と「総代」という言葉がでてくるが、その使い分けが判然としないためここでは「惣代」に統一した。明治時代、町村会成立以前の村民の代表代理人が村惣代と呼ばれていた。

他に、水掛り地、水穂筋という言葉も頻繁に登場する。水掛りというのは、ここでは新設される用水路の水が流れ込むという意味だと思われる。水穂筋については定かではないが、文脈から推定すると澪《みお》筋のことかもしれない。当時の吉井川は、物資輸送の手段として高瀬船が往来し、船の航路が澪筋と呼ばれていた。

当時使用されていた度量衡は尺貫法であり、現在では馴染みが薄いと思われるので、このことについて簡単に触れておく。

長さは「尺（一尺＝約0・3メートル）」、質量は「貫（一貫＝3・75キログラム）」、容積は「升（一升＝約1・8リットル）」である。

距離の単位としては、もっぱら里（一里＝4キロメートル）が用いられていた。

地積は特別の単位として「坪（一坪＝約3・3平方メートル）」が用いられていた。一反は三百坪、一畝は三十坪である。

また、江戸時代の村の土地の総合的生産力の評価には「石《こく》」が用いられていた。一石は十斗で約百五十キログラムに相当し、俵で表すと2・5俵ぐらいである。

文中に現れる数量に対しては、これらを使って換算しながらイメージしていただきたい。

また、本文中に出てくる当時の地名については、吉井町史第一巻（一九九五発行）に添付されている当時の地図を参考にしながら現在の地図上に記載し、巻末に添付した。必要に応じ、これを参照しながら読み進んでいただきたい。

末筆ながら、本書の作成にあたって多大なご協力を賜った地元の市議会議員である下山哲司氏に謝意を表する。

目　次

緒　言

岡山県備前国赤坂郡河原屋村字備中保木（現、赤磐市河原屋）を水源地として新設された草生《くそう》（現、赤磐市草生）、周匝（現、赤磐市周匝）、福田（現、赤磐市福田）の三ヵ村で共同経営する滝概用水の建設に際し、吉井川に井堰を築いたときの沿革をここに記録しておきたい。この記録は、筆者やこれに従事した仲間の建設に伴う様々な苦労話を自慢するためのものではなく、建設当時の井堰の位置や用水の役割について、また、当時の賦税法や旱害の状況などについて記すものである。地租改正（注1）に伴って新用水が必要不可欠になったこと、その建設に伴う資金の調達方法、水路の難工事場所に関すること、村民の生活や文化の程度および当時の人情、建設に対しての賛否両論、三ヵ村の内輪もめなど、起工から完成に至る間に生じた様々な事柄を順次書き記すことによって、後世の人々が当時の状況を知りたいと思うときに少しでも役に立てばと思いながらペンを取った次第である。筆者の拙文をご容赦頂き追想誌として一読して頂きたい。

大館寛太　印

注1　明治政府が明治六年（一八七三）から実施した、土地・税制改革のことを 地租改正 という。新政府は、土地の値段（地価）と土地の所有者を定めて、地価の三％を税として 現金 で納めさせた。豊作でも不作でも土地の値段は同じなので、政府の収入は安定するようになった。

新用水設置場所および周匝村の概況

岡山県備前国赤坂郡周匝村は、北側を北条県美作国勝南郡飯岡村、高下村（現、久米郡美咲町飯岡、高下）と隣接し、吉井川の中央線を以て国境をなす。戸数は二百戸余りで、職業としては、農業を営む者が七割（七〇％）、商工業を営むものが三割（三〇％）である。田地が七割で畑宅地が三割、旧徳川時代の総高は一千石（二五〇〇俵）余りと言われている。改正による田畑の地積は百町歩少々（約百ヘクタール）である。地味《ちみ》が優れており、二作田（二毛作）が多い。旱害がなければ豊鏡の地である。

田用水（農業用水）設備

周匝村は周囲、三里ないし五里（一二〜二〇キロメートル）以内において地勢、地味ともに最も優れたところである。しかし、田用水の設備については非常に貧しく、大きな溜池が一つしかない。慶応年間に、補助的な用水を確保しようと、瀧山村字小深山《こみやま》（現、赤磐市瀧山）の溜池の堤を高くするとともに所々に修繕を行い、その貯水量の増加を図った。そして、その用水路としては、従来通りの天然の瀧山川を利用している。しかし、近年、上流の森林の乱伐が進み、年々、土砂が流れ込むようになり川の様子は著しく変わり、川底が埋まって水の流れが妨げられるようになる。水は川底に浸透し、川面には水の無いところが見られる。その結果、この溜池は、補助的な用水としての機能を失い、瀧山川沿いの瀧山、黒本、黒沢の三ヵ村の用水に充てるのが精いっぱいという状態で、周匝村の農家にとっては、年々、用水の確保が難しい状況にある。

一方、周匝村は、岡山県下の三大河川の一つである吉井川の沿岸に位置するため、洪水の被害を蒙《こうむ》ることも少なくない。しかし、考えようによっては、その代償として、田用水をその河水に求めることができれば、吉井川は天から授かった源水となるかもしれない。新たに大規模な用水路を創設し、吉井川の無尽の河水を源水とすることによって、毎年生ずる旱害の地が豊作の地に変わることは疑う余地はない。しかし、その創設事業たるやあまりにも大きく、工事に伴う経費は膨大なものである。しかも、その資金にあてる財は何もない。特に、吏員（役人）や村内の金持ちなどは、自分の地位や財産を守ることにあくせくとしている始末であり、田用水を創設して河水を利用する話などはできもしない話だといって取り上げようという意思はまったくない。ただひたすらに年月が過ぎるだけで、どうしようもない状況の中にあって、村民は不幸かつ不安な生活を余儀なくされている。その様子は実に憐れむべき光景である。しかも、周匝村民の大部分は、農業を行う以外に他にすることが何もないといった状態にある。

貢税（租税）改正に伴う農家の苦境

旧幕府、即ち、徳川時代の農民に対する貢税は、田畑と共に立毛《たちげ》を基礎として賦税するやり方であった。したがって、旱害その他の不可抗力による損害が生じたときには、領主が役人を派遣して実地検分をさせた。いわゆる検見《けみ》（米の収穫前に豊凶の検査をし、年貢高を定める）と称する検査法により被害の状況や毛（生育）の歩合などを審査酌量して租税の減免を行う方法である。明治維新の後もしばらく不完全でしかも弊害の多い課税方法であるけれどもこの方法を踏襲していた。明治八年（一八七五年）になって、維新の大事業である税法の改正に伴い、地租条例が発布された。この法による課税の基準の決め方は、各土地の地味を審査して階級的に等級を付け、土地そのものに賦税するやり方である。したがって、旱害、水害、虫害などによる生育不良は、作り主である農民自身の損害ということになった。逆に、大豊作で収穫が多い場合には、定められた課税以外にはなんら納税する義務はない。

しかし、本村の農民にとっては、毎年、旱害を蒙り、まれに豊作の年もあるものの、その割合は十対一もしくは二に過ぎない。到底《とうてい》、安定した生活は望み得ない状況にあり、そこにさらに地租改正の法が発布されたので、一層、生活の度合が苦しくなり、活路を河水に求めようという大きな問題に対する機が熟成してきた。

この時に際し、村民すべての希望である吉井川を源水とする淮概大用水路を築造して旱害が起こらない保証付きの水路を完成し、税料はもちろん、耕運が安全で生産能力が大きく、毎年、豊作を期待できるような土地に変えようではないか、そうすれば、本村の生活が安定するのはもちろん、ひいては国利民福（国家の利益と国民の幸福）の一助となる。これはまさに時代の要求である。ここは一つ頑張って、無尽の源水となる吉井川井堰、新用水築造の大工事を起こす時がやってきたと思われる。

吉井川新井堰用水路築造の発起

その時、私は第二十八区一番小区（周匝、草生、河原屋、是里の四ヵ村）の副戸長（戸長とともに明治時代前期の行政事務の責任者）を本職としていたため、村民会議があるときはいつも、灌漑大用水の創設起工の必要性やその時期の到来などについて力説してきた。今や、私の職分として、また、住民としての責任感で本問題を解決する決心を固め、地主諸氏に対して、本工事を起こすことが時代の要求であり、発展していく道程であること、また、国利民福の一助となる国家的事業であることを熱心に説きすすめた。もちろん、村民の諸氏もこのことに対して賛成しないものはなく、すべての希望である。

しかしながら、例の如く、工事が大きいことや工費が多額であること、あるいは、大きな川を源水とする新井堰であるため、もし万が一、工事中に大きな洪水が起こり、工事途中で井堰が壊れて流されるようなことが起きれば、こうむる損害は再び回収することが不可能になるとか、あるいは、工事が完成したときその効果が本当に得られる見込があるのか、それに当る人の能力についての確信があるのかとか、いろいろなことを並べたて、地主側は所有地を多く持っているだけにその前途を危ぶむ度合が強く、いつも要領を得ないまま話が終わるのは極めて遺憾である。

維新後、まだ日が浅いため、政府は、勧業的でないものに対する規律（基準）を持たず、そこからの補助的準備（援助）は無論得られない。そのため、これに要する費金はすべて民費で賄わねばならず、水を受ける地を所有する地主からの出資によるほかは道が無いということになる。

私はいろいろ考えを巡らした。この事業は、いつかは必ず行われるべきものである。今は千載一隅の機会（チャンス）である。希望は村の興論である。完成を遂げた暁には、費金の財源は地主の懐から喜んで投げ出されるはずだ。よし、もし同志が二、三人いれば、私が当面の犠牲者となって共に事に当れば必ず完成することは疑いなし。腹をくくった。

まず、私が兼ねてから信頼している野上良太、江田林三郎、角南吉治、小宮山元次郎、角南勝造の五氏に対して、私の決心を示し、彼等の意志をうかがってみた。彼等は私の決意に大いに賛同し、献身的に時局に当ると表明してくれた。その日、林鹿太郎氏の宅で腹を割って起工に関する手続きや方針などを協議し、次の数項目について誓盟（約束）した。

一、私が当面の犠牲者となること、五氏は私を翼賛する（力を貸して助ける）こと、工事の完成を期し、不撓不屈であること。
二、費金の臨時の支出に対しては、自分の私債を投げ出すことも辞さないこと。
三、天災事変に因り、万一失敗に終わることになっても、第二、第三の方法を講じ、断じて工事を未了のままで終わらないこと。
四、もしお互いに意見が衝突してもその原因にかかわらず、このことを目的の遂行に波及させないこと。
五、目的の達成以前において自分の都合で辞任をしないこと。

上記の五項目を堅く誓約し、赤誠《まごころ》を込めたさかずきを挙げ、盛宴に移ったときのことは、私の終生忘れることのできないこととなった。

工事目論見（計画）および仕様

河原屋村字備中保木を井路《いじ》口、即ち、起点とし、福田村字桐木二つ股を終点とする。溝幅八尺ないし六尺（二～二・五ｍ）、幹線延長五十余町（約五km）とする。勾配は、一間（一・八ｍ）に付き一分（三cm）下がるものとし、水盛り測量（測量器のない時代であるから従来通りの水準を用いる）を繰返し、この緩やかな勾配を極めて精密に測量した。なお、専門家である美作国東北条郡下横野村（現、津山市下横野）の藤森一九郎（俗称、助左衛門）によって測量してもらったところ、同様の結果を得た。本工事において、一番、難工事と思われる場所は、草生保木の岩石の切り取りである。その場所には、木魚形に切り取らざるを得ないところが二カ所ある。また、橋ケ谷の上下《かみしも》もそれぞれ数十間の間は、高さ十数尺の石垣を築かねばならない。また、井路口から一番唐戸までの間は、三方もしくは四方を石垣とする。その方法は最も堅牢な石巻きとする。このほか、全線については、溝内の両面を石垣または芝とする。また、ほとんどの石垣の土止めの部分を石面にする必要がある。

その見積り総金額としては、一千六百八十一円六十六銭（現在の貨幣価値に換算すると、約三千五百万円）となり、その一割（一〇％）は工事着工と同時に支払うものとする。扶持米《ふちまい》については、必要に応じて三十石（四・五トン）を提供する。また、専門の職工以外の人夫や助っ人などはすべて村民の中から使用する。また、請負範囲期間内の人夫はもちろん、臨時雇いの人夫についてもできる限り村民を充当することとし、この工事に従事した仕事の種類や日当、仕事の場所などをその日毎に申告するものとする。その人の名前が地主である場合には、工事の賦課金と相殺する。地主以外の人の場合には、ある一定の期間毎に支払いを行う。また、もろもろの材料や物資についてもできる限り村内の当該工業家から購入するものとする。請負人のもろもろの買物についても同じ扱いとし、その代金の支払いは前に記した人夫賃の支払い方法に準じるものとする。以上の支払金に関する一切については、担当人が認定すれば譲渡流用を妨げないこととする。

参考までに、水路に関する難工事と思われた場所について、二、三、補足しておく。周匝村字大薮の上《かみ》、即ち、太鼓の丸の下にある官林の裾の鯉ヶ淵を通り、一ノ谷上《かみ》草生保木へ通ずる場所までの土質がすべて小石混じりの脆弱質であるため、他の粘質土を混ぜる必要がある。しかし、付近一帯が川床であるため土質もまた川砂利であり、それを混用しても効果は期待できない。官林中に粘質土があることが判ったが、道が遠いため運搬が困難であるためそれも利用できない。そこで、その数百間にわたる築工事は、締め固める方法をとることにしたため、非常に手数を要したが、その割には効果が少なかった。

また、草生保木に、高保木と低保木の二つの呼び名がある。木魚形に岩石を切りとって水路を作った場所まで緩やかに登り詰めた所を高保木と呼ぶ。そこから急に西に下った橋ヶ谷の最も下《しも》の端に自然岩石のくぼんだ所がある。そこが谷水の排水溝となっており、この所までを低保木と呼んでいる。山手一帯は高く険しく垂直で、言わば屏風を立てたような岩で傾斜はほとんど無い。その場所は、岩石の破片が落下堆積しており、河水面より二尺ないし三尺（六〇～九〇㎝）位高くなり、凸凹の路面となっている。この箇所が低保木である。そこから橋ヶ谷上《かみ》の草生村の最下部の谷溝までは低保木と同じような道路となっている。橋ヶ谷の上下《かみしも》は共に溝台《こうだい》が無いので度止めとして十数尺の高い石垣を数十間にわたり築き上げて溝台とした。また、洪水のときには、低保木全体の道路が冠水し通行止めとなる場合がある。その時には、草生村の南端にある九門池谷を登って周匝村の寂光寺谷あるいは東雲谷へ山越しして通行していた。

参加村の現状

周匝村が提案した新用水の建設に対して、水源地となる河原屋村は、その地内に水掛り地がまったく無いため、特に共同参加する必要は無い。

草生村は、戸数が六十戸前後の小さい村で、田地が二割、畑宅地が四割、その他が四割である。畑地、荒蕪《こうぶ》地《ち》（雑草が覆っている地）、芝草地、槙林《まきばやし》などが多いため、用水路が貫通すれば、田地に変換できる反別の割合は、三ヵ村の中では最も多い。したがって、この提案に参加共同するについては、すべて周匝村の行動に追従して一致した歩調をとるのが得策であるというのが村の輿論であり、すべて円満に事を運ぶ必要があると考えている。

福田村は、田が六割、畑宅地が四割である。反別戸数は周匝村の四割前後である。瀧山川からの補助用水が少しはあるものの、田用水の施設も周匝村と同様、一つの溜池があるだけである。地勢、地味は共に周匝村より少し劣る。旱害の程度は周匝村と同程度であるため、吉井川を源水とする漑概用水の施設を設けることについては、村内に異論者はいない。稀に反対者もないわけでもないが、本気で反対するというものではない。資金の貯えにいたってはもちろん一銭もない。また、周匝村と同様、用水は欲しいけれども資金の提供は渋るといった一般に見られる弊害は強く、むしろ周匝村以上かもしれない。特に、用水は完成するだろうと疑うこともなく思っていても、自分たちで起工しようという意欲も無ければ、その能力も無いと言っても過言ではない。幸いにして、この度、用水新設の話に参加しないかという誘いがあったことは福田村にとって好機であり、それを逃すべきではない。

我々発起人においても、この機会に福田村をこの共同事業に参加させて互いの共存共栄を図り、この事業によってもたらされる利益を分有できるようにすることをこの事業の重要目的の一つと考えている。しかし、別の見方をすれば、村民と地主との思いは必ずしも同じではないと皆が思っている。そのため、工事中に内輪もめが生ずる可能性が強いので、とりあえず周匝村まで完成させた後、水路の延長を図り、共同事業とするのがよいのではないかと主張する論者も一部いた。一方、もし内輪もめがあったとしても、そのために村運を賭けた一大事業を頓挫中止するような愚かなことをさせないという決意を以て、初めから共同事業として掲げて工事を進めるべきだという意見もあり、議論の末、後者の意見が優勢を占めたため、そのように意見が一致した。ついては、参加共同村の村民および地主を集めて村民集会を開き、協賛を得ようと決議された。

共同村民大会の開設

前述したように我々発起者の数は少ないけれども、その決意は固く、万難を排して竣工を行うという大決心を誓い合い、この事業を実行する運びとなった。村民大会の開設および参加村の共同を計画する草生、周匝、福田の各村の惣代（村民の代表代理）の出席を要請した。また、各村の村民にも自由参加を促した。当日の出席者は盛況を極めた。それぞれが席につくと、私は以下のような趣旨の演説を行った。即ち、この度、発布された地租改正は三ヵ村村民にとってまさに死活問題である。そのため、淮概大用水の起工は余儀なくされた緊急問題である。我々が提案することは、三ヵ村村民が耕作する不安な田地を安心して利用できる土地に変えようということにある。我々発起人は献身的に社会奉仕を行う決心をしていることを皆さんに約束する。必ず成功させてみせる。工事が完成した暁には、万代不朽《ばんだいふきゅう》の豊かな地となり、皆さんが豊かな生活ができるようになることは疑う余地はない。村民の皆さんは私を信頼し、事業の成功に向けて努力してほしい。同時に、次に掲げる条項に賛成し承諾してほしい。

一、井路口、即ち、起点は、河原屋村字備中保木とする。終点は福田村字桐木二つ股とする（前記の工事目論見の項を参照のこと）。専門業者である藤森一九郎による総工費の見積金額は一千六百八十一円六十六銭である。その内、一割を工事着工と同時にその日に現金で支払う。また、扶持米三十石を請負金の中から時価で必要に応じて支渡すこととする。落成期日は来る明治十年旧五月の中節の三日前と定めるという条件で藤森氏に請け負わせる。

二、藤森一九郎の請負金の内、溝掘り人夫、石工の手借り、芝手などの人手など、一部請負などの人手については、全部、参加村の村民を使用すること。

三、部分的な請負者が他の人に、又下請負をさせることがあっても、すべて元請負者の請負と看做《みな》す。請負者の採用した人夫の仕事場所や賃金などについては、漏れのないように請負者から申告すること。

四、下請負者あるいは正規の雇人が水掛り地の地主である場合には、その賃金支払いはすべて工事賦課金と相殺勘定することとする。地主以外の場合には、一定期間毎に賃金を支払うこととする。ただし、工事担当人の承諾を得て、水掛り地所の所有者に全部または一部を譲渡することができる。

五、請負金の内、着手金または扶持米代金その他の諸材料の代金は、担当人において、金策を行うものとするが、もし抵当品が必要な場合には水掛り地を所有している人々は臨時的に若干の地券（地租改正に伴い一回限り土地所有者に地券が与えられていた。その後、登記法の制定により廃止された）を貸与する役をあらかじめ計画しておくこと。参考までに付け加えておくと、地租改正によって、各種民有地に対して、一枚ずつ地券なるものが発行された。これを抵当、即ち、担保として金銭貸借を行っている例がある。土地台帳に付箋を付け、貸借証書に書き換えて調印を行った戸長の公証なるものを、そこに書き入れて抵当と呼び第三者に抵当する適法行為である。後に、これを改めて登記法が実施されるようになり、地券が廃止された。

六、工事に必要な諸材料および諸物資は、できる限り村内の商工家の諸氏から供給してもらうこと。その代金の支払い方法は第四項に準じるものとする。

七、水路に掛かるために潰さねばならない平地や田地の買収価格は、隣地との比較あるいは公証価格などによって定め買収する。ただし、その代金の支払いについては第四項に準じる。

八、本工事に要するすべての資金は民費で賄うものとし、以下のように等級を定め、応分の負担をお願いする。

一位　田、畑、宅地以外の水掛り地。
二位　畑、宅地の水掛り地。ただし、現住地は除く。

三位　在来の田地であって水掛り地となる地、並びに池の水掛り新田となる地。
四位　池水掛りの在来の田地。
五位　揚水機を使用する地（踏み揚げ車およびポンプ）。
九、地主諸氏の中で、その所有地が水掛り地であるために相当の工事費を賦課される場合においても、その賦課金を納入する義務を免除されるものではない。なお、理由なく勝手に水掛りを拒否することもできない。
十、村内在住の諸氏、即ち、住民は、仮に水掛り地を少しも所有していないといえども、手伝い人夫としてある程度まではこの仕事に出るものとする。
十一、前項の手伝い人夫の行う仕事は、甲村住民が乙村に、乙村住民が丙村に出ていく場合であっても同様のものと考え、各々の担当人の指揮に従うこととする。ただし、その場合には、手伝い人夫を出す側はその手伝い人夫を出す側の担当人に正規の雇もしくは請負共に場所と人数を毎日通告票で詳細に申告する。
十二、本工事に関するすべての処置および指揮については、工事担当者に特権を与えることとする。もし意見がある場合には、工事の総監督に申し出て指揮を仰ぐこと。
十三、工事費の総決算による賦課金の負担割合の当否、あるいは重大な事柄については、総会または地主会を開いて決議すること。
十四、三ヵ村共に、水掛り地の評価あるいは買収地の標準価格などについては三ヵ村の惣代および担当人が立会い、合議のうえ買収価格を決定すること。工事賦課金についても三ヵ村共、同一の級位賦課率に準じること。

十五、工事が落成した後の、新用水に関するすべての物件は、その村だけの枝溝並びにその関係部分を除いて全線にわたって三ヵ村の共同財産になるべきものである。

以上の十数項目の趣旨を議題として提出し、逐条に関して審議を行い、三ヵ村が一致した協賛の決議が成された。ついては、後々のため、三ヵ村惣代および発起人が各々署名捺印をし、永久に周匝村事務所に保管しておくことにした（当村の事務所は今の村役場である）。

新設田用水の起工願いおよびその許可

三ヵ村の共同新設田用水の築造は決定された。そこで、河原屋村字備中保木に井路口を作り、そこから流れ込ませるような設計を行い、同所の川溝の官有地を始めとして福田村字桐木二つ股までの用水路線を決定した。その路線に該当する官有地並びに民有地の確保に当り、官有地は無償で払下げてもらうこととし、民有地の売却に対してはすべて免税措置をお願いすることにした。そして、指定の様式に従って図面を添付して願い出を行った。すると、岡山県庁から県属の土木課の吏員である塩見某が出向いてきて、潰し地の全部について精密に実地調査を行って帰っていった。その後、数日間で願い出の通り許可が降りた。

これに関する内輪話となるが、先に、本願い出を流れ込み用水として申請したと述べたけれども、後に、それが本当であると保証し難いように思われるので、当時の真相を記述しておく。当時は新政府になってまだ日が浅いために、河川法あるいは水利法といった法律が決まっていなかった。もし差し当って河川に関する問題が生じたときには旧法によって処理するといった時代であった。その旧法では、本願い出のような場合、地元村はもちろん、水源確保と関係する水源地周辺および下流のいくつかの村に対して損害や支障が生じないという保証書を添付しなければ、正式な手続きができないようになっていた。法にかなった願い出に必要な書類である保証書について、地元村（吉ヵ原村）並びに水源地周辺の村については得られる見込があるけれども、下流に位置する田原用水（注２）の水掛り地を要する十数ヵ村から無害無障の保証を得ることは困難である。否、まったく不可能なことであることは明らかである。そこで、流れ込み用水として許可を得たことにしたのである。

つまり、工事が落成した後、必要に迫られたときに願い出あるいは何等かの手段を講ずればよい。あるいは、旧きを廃して新しく民業の発達進歩を図ろうとする時代であることを考えれば、願い出をせずに新井堰を築いたとしてもまさか刑法によって処罰せられるとも思われない。もちろん、この事業が、直接に他人を害することなく国利民福に資するものである限り、万一、無許可で河川を堰切ること自体が犯罪であるといわれ、処罰されるのであれば三ヵ村を代表して潔く服役してもよいという決心で、発起人諸氏の同意を得て画策したことである。やはり予期した通り、後に述べるように田原用水に関係する村から支障があるとして抗議が出された。しかし、結果的には、彼等も何等この事業を阻止することはできなかった。

このようなことを考えながら、私は本工事の代表的立場を去るまでの間に、築堰工事の基礎を築いておこうと、無許可のまま、吉井川を横切る堰を作り、そのまま第二次工事を終えたことは無謀というべきか果敢というべきか、ともかく、その後も、逐次、築堰を行っていった。しかも、どこからも特に妨害されることもなく、極めて堅牢な井堰を完成させることができたことは確かに周匝村の誇りにしてもよいであろう。

注２　田原用水は、現在の和気郡和気町田原上に吉井川を堰き止めて築造された田原井堰から取水される農業用水である。井堰は元禄時代に岡山藩の津田永忠によって施工されたという。

工事担当者の任命および関係村との交渉

起工願いが許可されたのを受けて、直ちに工事に着手するため、まず、工事担当人の任命を行った。会議所に集まり、第二十八区一番小区事務所からそれぞれの工事担当人へ辞令書が手渡された。周匝村は、野上良太、江田林三郎、角南吉治、小宮山元次郎、角南勝造の五人である。福田村は、大沢文平、森本桂太郎の二人、草生村は、楢原与四郎、楢原栄造の二人である。その他、草生村の保長（明治時代初期に地方行政で設置された役職）である保光勘治と福田村の保長である小原六郎の二人は、各々の村民および地主の惣代兼監督としてその任務に当ることが決まった。当時、私は当区の副戸長を本業としていたため、管轄内の大工事に特に率先して発起などを提案していた関係上、工事担当者諸氏の推挙によって田用水築造の総監督の重任に当ることになった。以上の如く、起工の担当者が決定した。

さて、関係村の内、河原屋村は水源地となるため、最も密接な関係にある。本工事については、損害があっても利得があるわけではない。第一に、井路口および一番唐戸を設置するに当り、耕作の便利な畑地を潰さねばならない。さらに、用水溝が県下に稀なる大竹藪の中央を縦貫するため、そこを潰し地とせねばならない。その他、渡船場付近の畑地が浸水する可能性もある。そこで、あらかじめ非公式に交渉を進めてきたが、さらに具体的な提案を示し、公式に浸水地の防備策やその地の損害賠償、その他の関係事項について、将来にわたる責任負担に対する交渉員として、野上良太、角南吉治、小宮山元次郎の三氏を派遣して交渉を開始した。有害無利の地勢であるため、難論が百出するのは覚悟の上で交渉に望んだところ、性格が温和な村民であるため、提案事項に多少の修正を加えただけで村民一致の了解を得ることができた。大竹藪（一尺回り以上の青竹が密生し、その数を数えることは困難で、僅か数間先を透視することもできない）の持主である池上通造なる人は、性質が純潔で、一個人の不利益を理由に公衆の利益を無視することは自分の本意ではないという意味のことを述べ、公共的事業用地として快く用水の溝設地として提供することを承諾してくれた。このことは特筆に値する。三ヵ村としては、大いに感謝すべきことである（藪中の溝設については有意義な設計とする）。

本工事の一大難事である築堰に関する関係村として、対岸の吉ヵ原村がある。もちろん、同村に対しても、吉井川の堰切りについて同意の了解を得て、永遠に親善の道を講じておく必要がある。これを交渉開始の前提として、同村の河岸に対する護岸防水工事などの、現在、将来にかかわらず責任の負担に応ずるという提案を携えて、担当人の諸氏が代わる代わる出向いていって交渉したものの、その都度、要領を得ないまま終わってしまう。少しも交渉に応ずる様子が見受けられない。もっとも、同村は、本工事が完成すれば、様々な係わりが生じる。即ち、有害無利の地勢にあり、川の中央より北側は自分たちの村の地内に属し、ここに新たに井堰ができれば、洪水のときには水勢が激しくなり、波浪が岸にもろに当り無防備の芝草の河原地を洗い流すことになれば、たちまちにして住宅地が侵害される。さらに多数の畑作地が流れて無くなる恐れがあり、できる限り本工事を撤廃してもらいたいと思っている。そう言いながら、少なくとも損害が生じた場合の予備費あるいは補填の準備のための多額の金額をせしめることを目的としている。そのため、無償の交渉には絶対に応じないと画策している。とうてい、尋常な通り一遍の交渉では解決の見込がありそうに思えない。そこで、少し、協議を行った上、私は、小宮山元次郎と角南勝造の両氏を伴って、同村に乗り込み新たな提案を行うことにした。即ち、水穂筋堰止めの際には、高瀬船の積載貨物の積み替えに伴う人夫賃など、この築堰によって生ずる一切の利益に関する問題を話し、すべて同村の特定所得とすることを提案した。なお、先に提議していた護岸の防水に関する一切の防備工事については、築堰によって生じた損害に限って永久に負担する旨のことを述べた。また、王政維新（明治維新のこと）の趣旨に従って、国民として、国家の基盤を富国安民と考え、国利民福の端を開こうとすることに対して生ずるあらゆる障害と闘い、その達成に邁進することは、我々国民の義務であることを説いた。しかし、その効果も見られず、ここに至っては、止むを得ず、遺憾ながら協議は決裂と決断し、交渉を打ち切ることとした。

退散するときに、一言申し添えた。本工事は、すでに官庁の許可を得ているので、近いうちに工事に着手することになると思う。三ヵ村で協議したところでは、仮に貴村の了解が得られないとしても、このまま工事を中止したり撤回したりする愚かなことはしない。即ち、障害と闘うときが来たと判断したときには、我々は、我々の権力範囲にある川の中央以南において、自由に行動を起こす決心である。その際、対岸である貴村の干渉は一切受けない。もちろん、それによって貴村に損害が生じる恐れがあるかもしれないことなどを通告した。それを聞いて、惣代人である柴原清太郎、尾嶋吉治、柴原小平の三氏の内、一人が言った。協議を打ち切ると宣言する前に、当方も最後の合議をする。しばらく休憩してほしい。そこで、合議によってどのような話になるかを見守ることにして、しばらく休憩することとなった。

この間に、内輪話を少し述べておく。対岸の吉ヵ原村は、旧幕府時代には津山領に所属していた。領主は、徳川の類族で、いわゆる家門家（将軍家の一族）である松平家である。それ故に、津山領は天領（幕府直轄領）であると言い、民情が横暴であることは数百年来にわたる因襲である。本交渉についても、いろいろと画策を出してくる。無情の我利《がり》我利《がり》主義を固執するのは、同村の普通の民情と言えるのである。維新の行政範囲としては、北条県と称する小さな県である。それに対して、我が岡山県は大きな県である。維新当時の民衆の意識は我々の方が高い。備中保木が洪水になるときには、水勢は対岸に強く向かい、こちら側には弱い。沿岸の状況も比較にならないほど差がある。

本項で述べた宣言は方便としての威嚇である。当時の備中保木は、古今稀なる川淵であり、水深が十数尺あることは皆がよく知っている。井路口をここに決めた理由はいくつかあるが、主な理由は、尼子の極めて険しい岩場にある岩石(石質はあまり良くはないが、距離が近く、大量に存在しているように見受けられる)を井堰の基礎となる松の木で作った杭あるいは木枠の中に詰める石や捨て石としてふんだんに利用できることである。なお、渡船場の下流の川床の埋立用の捨て石にも使用する案を立てている。もし吉ヵ原との交渉が決裂した場合には、一気に川床の埋立作業を断行する。そして、井堰の形式は漏斗型とし、井路口に河水を流入させる方法を採用する。このやり方は、世間一般の井堰の作り方であるけれども、これを行うと対岸に及ぼす損害の程度が大きくなるので、護岸工事をしっかり行わなければならない。本工事をそのやり方で行い、川床の埋立も併せて行うことにすれば、吉ヵ原村が黙っていないことが明白である。したがって、これはお互いが平和になるための交渉である。もっとも、川床埋立とか、中央以南を堰き切るとかいうのははなはだ乱暴なる企てであると非難が集まるかもしれないが、旧幕府から維新に移った当時の民衆の意識としては、特に、私が考えているような本工事の目的を達成しようとする気持は、手段を選ばず、名誉のためには刑罰を受けることも辞さないといったたぐいのものである。このような若さ故の恐れを知らない私の後先を考えない勇ましい画策も時によっては確かに効果的であるという自信を持った。

数時間の後、協議は再開された。相手の物代等の態度はにわかに軟化してきた。吉井川を横断する工事の様式が、杭、枠、石積みのどれを選んでもよいが、その形状を一文字型に堰き切ることを条件とすれば、他はすべてすでに提示された条件に基づいてその責任を実行するという前提で、新設築堰の工事を認めてもよいという。考えてみれば、本井堰の目的が井堰内の水嵩を増し、河水が井路口に流入しやすくなることと同時に、多量の水を流し、用水量の増加が期待できれば、一文字型の堰でもかまわない。それで予定の水量を得る見込があれば強いて漏斗型の堰を望むものではない。漏斗型の堰を作れば、対岸に損害が起こることは水理の原則であるとも言われているので、要求通り一文字型とし、対岸の損害を防ぐことにした。即ち、この辺りを妥協の本音と認め、彼等の提案を受け入れ、本件の交渉に終止符を打とうと意見が一致したので、矛先を収め、いくつかの衝突があったものの問題は解決した。

その後、築堰工事の着手に際して、多少の論議を闘わすことがあったものの、概ね平和の内に目的を達成できた。私が思うに、吉ヵ原村の川岸は実に赤茶けた状態にあり、一つも防水防災の設備がないといった現状であるため、新設井堰工事によって、その村の村民は、かなり肝を冷したことであろう。当時、彼等と我々との約束において、杭、枠、石積みなどの高さおよび水穂筋の底巻の高低、つまり、底の組み木の制限などの規定をしていなかった。したがって、井堰の上流、下流の川の形態や水勢の許す範囲内で、井堰の天石を高めたりする、また、水穂筋の底巻を改造するのは自由であると信じている。

工事の着手

官有地の無償払下げ、民有地の潰し地に対する免税措置、起工願いの許可、溝路地の買収、関係村の了解など、それぞれが解決したので起工の段取りや手続きなどはすべて終わった。明治九年十二月二十日、略式の起工式を挙行して、予定の工区について三ヵ村がそろって一斉に工事に着手した。各担当人は、各々、指揮監督の任務に就くとともに、一面で金策あるいは諸材料の購入などに走り、着々と工事は進行していった。担当人諸氏は、一時、非常に多忙を極めたけれども、秩序整然として工事は著しい進行を遂げた。

水路の略成に伴う流水試験および水路の故障

明治九年十二月二十日に起工して以来、工事は着々と進行し、十年五月には、概ね、水路が完成した。そこで、通水試験を行うために、一、二番唐戸を開いた。その時が、ちょうど、河水が増水している時であったため、押し水が強く、橋ヶ谷下《しも》まで水先がやってきたとき、そこの上《かみ》の竹藪の上にある溝堤に亀裂が生じた。水圧が加わるに従って、付近に所々穴が生じ、瞬時にして長さ五、六間の溝堤が決壊した。直ちに唐戸を閉めて、その日の内に修繕に着手した。橋ヵ谷の上下《かみしも》の高石垣の破損を恐れて、付近の溝堤を保護するため、締め固めを行った。数日間で復旧した。再度、流水試験を行ったところ、水先が太鼓の丸の下にある大藪までやってきたとき、突然、流れが逆流し始めた。これは、鯉ヶ淵の上《かみ》の溝堤に大きな穴が生じたことにより、そこに水が引き込まれたために起こった逆流であった。直ちに、橋ヶ谷の水外しを開いて放流し、溝筋を点検した。その結果、官林の裾一帯の溝堤に大小無数の穴を見つけたときには驚きを隠せなかった。付近一帯、即ち、官林の裾一円の土質が小石混じりの脆弱質であったため、築溝に際し細心の注意を払い良質の土を混入して締め固めるなどして堅牢になるように築溝したにもかかわらず、一度、水に浸かればたちまち軟化して固い結合力を失う。そのため、些細な木の根や草の根や葉の切れ端などが水に煽られて扇動するにつれて小さな穴が瞬時に大きくなる。虫の穴もまた同じ結果を生じ、いわゆる、蟻の穴が堤塘を破壊するといった状態となった。

　土質が悪ければ、細心の注意を払いながら作業を進めても、その効果が得られず、今回のような破壊損害を引き起こす。そこで、特に、粘質土を混ぜられるだけ混ぜながら数十日を要して堅牢に修繕を行い、再度、通水を試みたところ今度は違う場所に損所が生じた。甲所を修復すれば、乙所が破れ、順次、丙所、丁所と破損していく。これには、さすがに参り、担当人の苦労は言語に絶するものであった。土質不良に伴う破損の続発がどうしても免れ得ないとすれば、大破を小破に食い止める以外に方法はなく、その対策として、急速、土嚢《どのう》を大量に作成した。それらを官林の裾一帯の所々に五個ないし十個を配置しておき、穴が見つかり次第、それを用いて修理する。そのために、正規の人夫を雇って、常時、巡視を行うことにした。

時は梅雨期である。例によって例の如く、降り続く小雨は山の地盤に染み込み、多量の水が地中を流下し、山裾一帯の溝堤を軟化させ、溝体全体が軟弱化して大規模な破壊の恐れが生じ、極めて危険な状態に陥ったときにはまさに驚きと恐怖を感じた。巡視中の担当人が、歩いていた溝堤に足を潜らせたまま、溝堤と一緒に崩落したという実話がある。また、草生保木の中央部に小竹の藪地があるが、その上《かみ》の水路の底の岩肌に水が回ったため、地滑りが起こり、溝台に築かれていた石垣がそのまま竹藪もろとも七、八間、長さ十六間にわたって、川の中に押し出され、忽然《こつぜん》として川中に竹藪の嵩が築かれた。そのため、河水が溢れて対岸の飯岡村の槙林の一部を洗い流すという奇妙な現象が生じたという事実もある。田植の時期であるため急いで仮修理、即ち、土嚢を用いて溝を造り錘《おもり》に粘土を塗って通水させるといった臨時の施設を造らねばならなかった。そのため、担当人をはじめ私も共に田箕を付け、竹編笠をかぶり、人夫の監督を行い、修理や破損の予防に昼夜を通して努力した。幸いに、その年の雨量が多かったので臨時の施設で田植時期を無事に乗り切ることができた。

破損した所の修理を、どの場所とも可能な限り堅牢に施したけれども、損害箇所全体の土質が悪いために、とうてい修理によってこの破損を防ごうとすることは不可能と認めざるを得なかった。そこで、絶対的な防備工事が必要とのことで、その計画が提案されたが、この時期が水の必需期であるため、完全なる設備を作るのに要する期間を確保することができない。止むを得ず、当面の対策として、溝内の三面に対して塗抹工事を施そうということになり、良質の粘土を団子にして官林の裾全部と、草生保木から橋ヶ谷上《かみ》の山裾まで、それと草生村の槙林付近の漏れ水の多い箇所をもれなく塗布することにした。十数日を費やして、その工事が終わり、再度、通水を試みたところ、意外にも粘土の塗抹工事は、その効果を表わし、著しい破損箇所は減り、漉し水が防がれるようになった。また、虫穴を防ぐなどのその効果は著しいものであった。一度、塗布した粘土は、仮に剥落しても粒子が細かいので、漉し水に従って流れ、小さな穴を埋めると同時に、粘力によって結合するので有効に作用する。そして、徐々に土質を改善し、破損防止の特殊な効果を発揮することを確認することができた。

新設用水であるため、水垢が付着するまでの間、溝内の流水の滑走力が弱く、かつ、勾配が緩やかであるために、ややもすると流水が停滞しがちで、破損の原因を作りやすいこともまた、仕方がないところである。要するに、徐々に流水に馴染ませていくしかない。

なお、井路口に多量の水を取り込み、用水の水量を増加させることによって水勢の増加を図るためには、予定の場所、即ち、備中保木の下端に仮堰を急いで設ける必要があると当局者の間では一致した考えである。

臨時会の開設による吉井川仮堰の決議

前述したように、水路の破損が生じたため、その防止と修繕とに忙殺されていた私たち担当人にとって、極めて不愉快なうわさが耳に入り、一同、非常に衝撃を受けた。

そのうわさとは次のようなものである。新設した本用水路は、水を上《かみ》に向かって流す目論見のものである（水路のどこかに破損が生じると、その場所に水が引き寄せられるため、その下流の水が逆に流れる。これを見ていた者が言ったことと思われる）。また、当時の水盛り（測量）が逆に算出されていたのだ。さらには、藤森一九郎の請負金の一部を失敬しようという魂胆だ。金のない若輩者にだまされて、村民を貧しい窮地に陥れようとするものであるから、とうてい、この工事は成功する見込はない。したがって、人夫賃はもちろん、いろいろな物品代はすべて損害となるだろう。まさに、「一犬吠えれば万犬が吠える」という諺通りである。

にわかに、人夫賃の催促やら物品代の請求などに大勢が事務所に詰めかけて、一時、極めて騒々しく賑やかになった。これこそ当時の人情と民度を物語るものである。と同時に、工事に反対の側は、扇動を企て純心な地主や村民の気持を動かそうとする当時の悪い習慣が表に出たに過ぎない。私たち担当人は、これらのうわさ話や浅ましい暴言をとやかく言うものではない。一路、目的に向かって邁進するのみである。

このときに当り、臨時会を開き予定通り吉井川の堰切りの必要性の趣旨を説明した。その設計は当座、仮堰とする。それは、来る九月、旧彼岸節の洪水で、あるいは破損して流亡するといった損害を免れ得ないものと推測されるけれども、材料、工賃ともにできる限り節約するような設計とする。仮堰の目的は、流入水量の程度、ならびに位置の選定に伴う堰切りの難易などを試験することにあり、これらを含んだ設計とする。これを議題として提案し、その協賛を求めようとした。

時あたかも、うわさ、中傷が百出しているときであり、無駄使いだとか、いい加減な計画だとか、罵声や暴言などが飛び交い、提案者の攻撃ばかりに時間を費やし、なかなか本案の議決には至らなかった。しかし、用水の必需が目前に迫っているときであり、疑心暗鬼の中でも、水路は概ね出来上り、後は流水量の如何にかかっている状況にあるので列席者の中には五十歩百歩であれば、仮堰を作ればいいという人も見受けられた。そこで、彼等の考えを中心に据え、説得に努めた結果、原案に賛成する人が多数を占め、ついに仮堰の決行が決議された。しかし、福田村は、用水の下流に位置するため、仮に目的通り成功するものとしても、すでに、藤森一九郎の請負期限が過ぎた今でも、未だ水先さえ見ることができないのは、請負者の契約違反であり、このことを決議したときの約束に基づいて請負金の一割と扶持米三十石を放棄して、ひとまず工事を打ち切るのが得策であると主張した。しかし、多数に制せられてその意見を留保する形で本決議に加わった。後の福田村の脱退話は、このときに萌芽していたのである。

吉井川仮堰および水穂留め

臨時会議で決定した吉井川仮堰に要する諸材料の集収は数日間で終了した。この工事の仕様は吉井川堰と称した。また、三つ又堰とも称した。二百ないし三百程度の間隔を置いて、松木末口が四寸以上のもの三本（長さは深度による）を一組として上部を束ね下部を三方に開き三つ又とし、その一本を下流にして二本を左右に開いて川床にたてた。そして、横に二本ないし三本を上下で連結し、これに葉の付いた粗架を立て掛け、鐘《おもり》を深度に応じて横または縦に、あるいは深い所では縦に二枚繋いで、潜水して粗架に添え付け、青竹を割ったものを目串として鐘と粗架とを接着した。この作業は十数日で竣成した。減水の甚だしい時には何時でも、水穂筋の堰止めが行えるように準備をしておく。仮堰であるため、工事は極めて粗忽《そこつ》を免れぬ。そのため、堰のあらゆるところから漏水する水が極めて多い。それにもかかわらず、堰内の水嵩はかなり高まり、同時に井路口に流入する水量や水勢は共に著しく増大した。それに伴い、水路の流水は勢いよく滑進し、周匝村字杵築下《しも》まで河水の進行を見ることができた。ともかく、吉井川の河水を田用水として使用する端を開いたことは事実である。しかし、水路の中で字殿町から八幡坂までの水路の改築を急いで行う必要がある。字河内の堀割溝も改築が必要である。これらの改築ができなければ、福田村はこの用水を本年中に使用できないことになる。もっとも字河内の溝底から湧き出す水量がかなりあり、かつ、瀧山川の底樋桝工事の際、その付近一帯の漉し水をすべて樋中に吸入する方式を採用しているので、両方の水を合わせれば、昼夜間断なく福田村地内に流入する水はかなりの水量があり、限りのある溜池に比べれば、かなり効果的であることは誰しも認めざるを得ない。

この年、旱天が連日続き、四十余日雨が降らなかった。しかし、草生村はもちろんのこと周匝村も共に、少量ではあるが、この工事のおかげで絶えず河水を引用することができ、大切な稲を枯らすことはなかった。福田村も前述した流入水を給水した事実は疑う余地はない。激しい大旱魃に見舞われ、河水は非常に減少した。周辺地区はこの旱魃で、田面に亀裂が生じ、例によって水論（水の分配をめぐる紛争）がにわかに騒々しくなり、雨乞い祈祷の太鼓の音が四方に鳴り響き、農家にとって最大の危難の時がやってきた。周匝および草生の村民は、地主、小作の差別なく、我々担当人の指揮に従って、水穂筋の堰止めに着手した。予定通り一気に堰止めることができた。村民は各々、自ら進んで鐘を持って井堰の漏水箇所を、その大小を問わず堰止めようとした。その結束は期せずして行われ、一致した行動が取られた。幸いにして未だ以て青田の一稲だも枯らさなかったのは、村民が一致して奮励した結果に外ならない。

時に、急報が届いた。田原用水の水掛り地の村民数百名が近日押し寄せて、河原屋堰切りを行うというのだ。

田原用水関係村民襲来の防御策ならびに磐梨郡区長より召喚

田植時期以来、四十余日、一滴の降雨も無く旱天が続き、大方の農家にとっては一大危難である。田原用水関係村の村民が新設の河原屋井堰を切り流さんと企てるのは、極めて乱暴な行為である。しかし、当時の激しい旱魃に際し、その心情は察することができる。かといって、三ヵ村にとっても彼等の井堰を切り流すという乱暴行為を認めるわけにはいかない。実際に、彼等が襲来したときには穏やかに対処すべきである。もし話合いに応じなければ、相当の防御を行うと同時に、彼等の田原用水を壊しに行く。我々担当人を始めとして、村内の正義感の強い諸氏と相談し、他方、中村のある一部の人にも内諾を得、準備を整えて待つこと三日間。何事も起こらない。

磐梨郡区長佐々木黙三郎から副区長早川善太郎を通じて、岡山石関町の郡中宿舎（官舎）赤岩佐平治方において、私に急いで相談したい用件があるので、直ちに来て欲しいとの連絡があった（明治十年八月十日のことである）。私は直ちに出発し、赤岩佐平治方に赴いた。

佐々木区長を始めとし、赤坂郡区長水谷亥孝太、副区長早川善太郎の諸氏が列席していた。佐々木区長がまず口を開き、私の遠来を感謝した後、「河原屋地内に新設した吉井川井堰が大旱魃に際して田原用水の水量を減少させ、その影響が極めて大きいため、田原用水水掛り関係村の村民から新設井堰を撤回させてほしいとの陳情が出ている。ついては、このことを伝えると同時にこの陳情の趣旨を理解し、それ相応の対応を行って欲しい」というのである。私はそれに対して、「目下、非常の旱魃に際し、陳情者の心情は察することができる。しかし、河原屋井堰を新設した目的を考えれば特に目下の大旱魃に際し、私が管轄する三ヵ村の心情を察するとき、遺憾ながらその求めに応じることはできない」と簡単に答弁した。佐々木氏がさらに、「その井堰は、新設手続き上、用水起工設計が吉井川からの流れ込みである故、河水使用の手続きによって許可せられたるものと聞いている。はたしてそうであれば、吉井川に新たなる井堰を築造する権利はないと思われる。こちらが撤回要求を行うのは当然ではないか」と少々強硬な態度を示してきた。私もまた態度を改めて、「河原屋井堰の新設は、国利民福を基礎とした勧業上の施設に他ならない。それ故、田原用水関係村民がのんきに撤回を要求したりする権利はない」と言い返した。そして、参考までに次に述べる理由を並べ立てた。

一、吉井川の水は国の皆が利用できるもので、また交通機関としても共同利用されることは言うまでもない。ただ単に、田原用水の専用に供すべきものではない。周匝村の上流において、同時期、同じ目的に使用するものがあっても仕方がない。田原用水の下流の場合にあってもまた同じことである。仮に田原用水が被害者であるとすれば、坂根井堰（田原井堰の下《しも》にある）もまた被害者であり、田原用水が加害者であることを免れない。

二、願いによって河水使用を明治政府が許可した以上、部分的に河水使用の権利がある。

三、三ヵ村の田用水として使用した吉井川の水の大部分は自然漉過によって元の吉井川に流入し、旭川その他の河川に転流するものではない。

四、もし河水の使用権が有るとして、土地の使用権は無いと言うのか。その場所が官有地であっても地元である河原屋村やその対岸の吉ヵ原村が井堰新設築造によって、何等被害を受けないと保証した以上、私人はもちろん、官庁といえどもそれをとがめることはできない。何故ならば、仮に損害が生じるかもしれないと思われる区域は、河原屋、吉ヵ原、草生の三ヵ村に限られ、他に損害が波及する恐れはないことは地理の証明するところである。

五、三ヵ村がすべて民費で国家的公共事業を敢行するに当って、万一にも目的が達成されなかったときには、三ヵ村は極端な悲惨な状態に陥るであろう。このような危険を賭けて築造しようとしているものに対して、私人のみならず明治政府といえども無害有利な事業をとがめる理由はない。以上の理由により本件の要求には絶対に応じられないと抗弁した。

このとき、水谷区長が「大館氏の駄弁は、三ヵ村を代表する地位に立脚したもので、妥当な弁論であるが主観的な実例もまた少なくない。よく考えれば相当の妥協点を見いだすこともできそうだ。そこで、今夕はひとまず会議を中止して明日再び会議を開いてはどうか」と提案した。双方、了解して休止した。しばらくして、突然、耳をつんざく雷鳴と同時に猛然と雨が降り始めた。雨量もかなりのものである。会合した諸氏と共に開宴中であったため、一同、万歳を唱えて寝床に就いた。

翌日、前回の諸氏が列席し、互いに潤沢な降雨を祝した後、水谷区長が諧謔《かいぎやく》的口調で、「旱天の降雨、能く水論を流し去る、の例えに照らし、新井堰撤回問題も円満に、この際流し去ってはどうか」と提案した。私が思うに、このような問題は時に紆余屈折するが、慣例を作るには有利であると思われるため、この提案は好機会であると考え、まず佐々木氏の意見を伺った。彼は言った。「天は問題の撤回を命じたり。何ぞ、それに背かや。賛成、賛成」と連呼した。私もまた続いて賛成を表した。この問題は、まずは解決したようだと秘かに爽快さを覚えた。

諸氏と一緒に昼食をとっていると、周匝村から飛脚が到着し、「前夜の降雨で洪水となり、堰の大部分が流失した。急いで帰村せられたし」とのこと。私は直ちに帰途に就いた。

洪水による川床の変化および築堰基礎工事協定

私が帰村するや、担当人諸氏から仮堰の流失状況や水路の多少の損害などの報告を受けた。同時に、私が佐々木区長の要求を拒否、認めるわけにはいかないという議論を行った顛末について報告した。なお、今回の出来事があって、ますます吉井川の堰切りの可能性を信じ、かつ、仮堰によって堰切りの有効性を確信することができた。もはや井堰の築造と共に、目的を達成できることは疑いの無いところである。水が引くのを待って基礎工事に着手することを協議した。

数日後、水嵩が平常時に戻ったので、現場検証を行い、仮堰はすべて撤去することにした。次いで、川底を調べたところ、今回の洪水によって著しく川底が変化しており、水穂筋は対岸の吉ヵ原村の川底に沿うようになり、それより南は非常に浅くなり、川底の高低が平坦でないのはもちろんのことであるけれども、最も深いところで二、三尺位のところが多い。もっとも備中保木の川淵は大部分砂と小石から成る川底であるため、洪水の大小や流れの緩急によって埋まったり掘られたりする。特に、仮堰材料の流失間際に激水の作用で有利な川底が作られていることが推測された。この川底が変わらない間に井堰の基礎を作るのが得策であり、緊急を要する。差し当り乱杭的に杭木《こうぼく》を乱打し、深いところには枠を備え付けて中込み石を充たし、乱杭中には捨石を満たして川底の変わるのを防ぐこととする。併せて、先に田原用水からの撤回要求を拒絶して以来、現存の習慣の存置を表示することに努めるかたわら、基礎工事を急がねばならないと思い、当局間の決議を行った。

本井堰基礎工事の着手

本井堰工事を起こすについては異論を唱える者はない。それ故、直ちに着手し、毎日収集される松杭木並びに松木枠などをすべて使用し、できる限り工事を急ぐことにして大いに努力した。今年の用水の必需な季節も、あと十数日で終わるけれども、水路に付着した水垢や水草などを育てる必要上、麦作に被害が無い限り、通水を続けるのが得策であると考えた。そして、水中作業の許す限り工事を続けた結果、工事は順調に進行し、本井堰の基礎工事は無事完了した。来るべき春を待ち、一次築堰工事に着手するための土台を作ることができたことは予定以上の成果と思われる。

工事未成のまま向かえた十年の暮れの状況

今年の大旱魃によって非常に憂慮された十年度米の収穫も平年以上であったことは幸運といってもよい。新用水による流水は非常に少量であったけれども大いに配水に努め、かつ、仮堰の漏水を防ぐために全力を注ぎ、村民が一致団結して行動した結果に他ならない。前項で述べたように、水路の破損が続発したため、工事が落成するには至らなかったのは遺憾仕方がないところである。そのため、工事費金の賦課徴収ができず、さらなる困難を免れ得ない。就いてはすべての支払金の中で緊要のものだけを支払い、その他は既定の支払法によって雑穀あるいは権利金の譲渡などの流用を許してもらった。我々担当人が公正的な保証を行った結果、比較的支払金の額を抑えることができたのは幸運であった。また、藤森一九郎氏にいたっては、工事が未成のため一般費金が徴収できず、ひたすら成行きに任すほかどうしようもないと覚悟し、自分の財産を質に入れざるを得ない状況にある。真に同情の念を禁じ得ない。我々担当人は、前途の成功を期待するとともに、諸般にわたって生じた不始末を忍びながら越年した。

福田村の共同からの脱退発表および村民の状態

前記の臨時会の項において述べたように、福田村が提議した契約不履行に関する案件、即ち、契約書の明文に基づき請負金の一割並びに扶持米三十石を放棄し、解決をはかるべきだという提案は一度否決されたのであるが、その後、福田村は機会ある毎にそのことについて固執するため、工事を進めるに当り不便を感じていた。すでに、十年十月付けの延原量次氏が作成した趣意書には、同氏をはじめ同村惣代人諸氏が調印の上、このことが発表された。その趣意によると、請負人が解約に同意しなければ、いままでの工事費を負担しない。もし強要するのであれば、契約に基づき請負金の一割と扶持米三十石の割合の金額だけ負担して共同を脱退するという。周匝、草生のニヵ村においてはこれに反対の意見を持っている。即ち、本工事の請負者が契約期間を過ぎても完成できないという事実は誠に遺憾であるが、本工事を進めるに当り、不誠実であるとか怠慢とかの事実はなく、水路の破損とか予想外の出来事などは、ほとんど土質のためや虫害とか天災とかに起因したものである。これを請負者の責任に帰すると認めるのは酷であると考え、この提案には賛成できない。それよりもなお、進んで期限を延長して、特に、工事の堅牢を期してすべて遺漏のないように完成させるべきである。万代不朽の大工事を起こし、請負人に大損失を蒙らせ、悲惨な状態に追込み、起業者だけの利益を謀るのは、村の体面を汚す恐れがあり、本案に絶対に同意するわけにはいかない。もしそのために共同を脱退するというのであれば止むなきことで、追って、本工事が落成した上で当初の目的に基づいて共同用水について協議すればよい。そして、共同利用に調印するときは、歓んで関係を修復すればよい。この際の去就は福田村の自由意志にまかせようということに話がまとまり、直ちにその旨を通知した。もとより、請負契約の解除とか共同を脱退するとかは、福田村全体の意見ではない。延原量次氏他、二、三の策士の扇動に外ならない。

当時、福田村の状況は、小作農が多数を占め自作農がそれに次ぐが、地主の多くは福田村以外の村民であった。工事費の負担の大部分は、その福田村以外の村民が行い工事費中に占める労役賃金などは多数の福田村の村民の所得となる。また、地主側にとっては、昔から今日に至るまで、旱害の多い土地柄ということで打算した地所売買価格であった。小作米は優良なる地味あるいは耕作に利便であることなどから割り出されていて、旱害による小作米の割引はいつも地主側が有利になるように協定を行うのが普通である。しかも、その割引に従わない小作人は即刻、地所を取り上げられて農者としての生活を失う羽目に陥るといった脅威を蒙っていた。実に、哀れな状態にあった。福田村がこのような状態にあるため、大局的視野に立った共同経営から日和見的な策者や我利我利《がりがり》の地主に煽られるため、結局のところ脱退は免れ得ないであろうが、にわかにこの発表を信ずることはできないであろう。現実にそうなったときには脱退を認めざるを得ないと、ニヵ村としての方針を確定して様子を見ることとした。

築堰材料の収集およびその仕様

明治十一年度の用水が必要な季節も近付いてきたので、農閑期を利用して水路の修繕や枝溝の新設および旧溝の改修に着手した。その大部分を成し遂げたときは、少々春らしさを覚える季節であった。水中作業が可能な季節が近付いた頃、築堰材料の収集に着手し、三尺以上で七尺までの松杭木を数千本と、三尺立方以上六尺立方までの松杭木材料を数千束（字備中保木およびその付近の雑木山の立木をそのまま買収して人夫を用いて伐出した）を収集した。また、乱杭中の捨石に用いる石などは、数隻の石船を用いて回漕した。

十数間下手《しもて》から漸高形に築上するために当堰の最下端以下十数間の平坦地面に乱杭を打ち込み、隙間がないほどに捨石を充たし、水の力で掘り穿かれないように備えた。また、葉付き粗架を列枠堰の内部に立て掛けて鐘で覆い、貯水並びに砂礫の停滞作用を行わせた。また、水穂筋は幅四間とし、優れた材料を選別し、その木枠とした。水穂底には円平なる川石を用材とし、総敷石とするように水が著しく減るのを待って一気可成に敷き終わる予定を立て準備を行った。

第一次築堰水路筋の土龍《もぐら》による被害

前年度の築堰基礎工事も、その後、だいたいにおいて無事であったため、第一次築堰工事に着手した。工事は速やかに進行し、十一年度の田植の季節も目前に迫ってきた。築堰工事中に数回の出水があった。その都度、未了工事の破損あるいは材料の流亡などの損害を蒙った。しかし、それに屈することなく、着々と工事を続けた。井堰の破損は、水路の破損と違って出水が大きいため、概ねその破損も大きく感じた。特に、大きければ大きいだけ減水に日時がかかり、減水しなければ修理にかかれないため、工事の進行の妨げとなる場合が多い。前年の水路の破損が本年の井堰の破損に転じたわけではないけれども、損害の増加を来たし、危険性の高い工事を受け持つ我々担当人の苦悩はいっそうその度を高めていった。

第一次築堰工事も概ね終了し、田植の季節も切迫したので、ある日、予行的に流水を試みることにした。すべての唐戸を開放した。前年の仮堰と違って枠堰は、またいっそうその包容力が大きいため河水の貯蔵量が膨大である。それを見ると苦心の中にも燦々快々の情を禁じ得なかった。包容水量が多いため、水路に流入する水量も増加し、流下する水の勢いもまた前年の比ではない。また、すべての溝堤溝台とも大いに固結し、木切れや草の根はほとんど腐朽し、その影をとどめていない。溝底の凸凹は概ね平坦であり、水先の水質は障害物を押し切り、流進する速度を見て初めて測量勾配が適切であったことを知った。水先が字河内の堀割溝辺に達するのを見て、確かに流水の実績を認めることができた。これで周匝村地内の使用する区域を通水したことは確実となった。

しばらくして、またまた水路に支障が生じたらしく、にわかに水が逆流しだした。たちまちにして官林裾に損所が生じたとの知らせが入った。直ちに橋ヶ谷の水外しを開き流水を中止した。水路を巡視すると何と字鯉ヶ淵上手《かみて》辺りの溝堤から多量の水が吹き出しているのを発見した。子細に調べるとむくろもち（もぐら）の穴が見つかった。付近一帯の溝堤溝台に穿かれた孔穴より噴出する水量が激しい。その孔穴は水中にあるため、その捜査ははなはだ困難である。しかし、これで苦悶していたのでは大破損を招くことになる。ぜひともその穴を捜索する必要がある。各自、溝中に飛び入り入念に調査し、濁水の噴出を見て孔源（原因となる孔）を知るようにした。はたして、その濁水が数間もしくは数十間を隔て、しかも方角違いの箇所に噴出する場合がある。特に、溝台の石垣から流出する孔源の捜索は一層難儀なことである。その捜索中に片足を踏み落し始めて孔源を知ったという場合もある。孔源に対しては切り芝もしくは土嚢を用いて応急処置を施した。この土龍の堀穿った孔穴は、流水休止の時に、土中に棲息する虫または蝿、蜥蜴《とかげ》などを餌とする彼等の活動の結果であり、最も恐るべき新たなる罹害《りがい》の原因である。したがって、最大の注意を怠らないようにしなければならない。

そうこうするうちに十一年度の田植の季節がやってきた。担当人はもちろん、私も一緒に田箕、竹皮笠を付け、土嚢および切り芝の配置を指揮し、被害が多いと目される区域内を絶えず巡視して土龍穴の発見などに没頭した。

ある日、しとしとと降っていた雨が突然大雨に変わり、盆を覆したような雨が滝のように降り、水は砂礫を含み山上一面から流下して水路に流入し、水は溢れて堤上を洗い、官林裾一帯の水路は一面の滝となった。あわや全水路を破壊し尽くすのではないかと疑った。しばらくして小止みとなり、水路を点検すると山上より流化した石礫は、十数カ所の水路を埋め流水を遮断し、通水を止めた。時期が時期である。一刻の停水を許さないときだけに、少数の人夫を督《とく》して我等も一緒に溝の浚渫に従事した。さらに十数名の人夫を借りだし急いで作業を行った。夜に入り大部分を終え、通水できるようになった。

打ち続く霧雨は、一般水路の土堤を軟化させた。ことさら、雨期中のことであり、自然湧水が所々に出現し、誠に危険な状態にあるが打つ手はもはやない。特に、危険中の危険を感じたところは、橋ヶ谷上下《かみしも》の高石垣である。もし万一にもこの二カ所の何れかが崩壊したら、まったく流水を途絶してしまい、同所以下に水を送る手段はない。特に、この箇所の修繕は他と違って短期間に復旧できない難所である。担当人を始め私の最も憂慮するところではあるが、もはや苦心を超越した思いである。この間、我々当局者は枕を高くして安眠することを許されず、警戒に警戒を重ねて、夜中、堤溝に出ては夜を徹することまる二日。当時の苦心は、我々の脳裏に深く刻まれ、終生忘れることはできないであろう。

参考までに述べておくと、橋ヶ谷上手の石垣は河水の衝き当り場で、特に大きな洪水の時には、この場所に正面衝突するところである。最も重要な石垣であることから、請負人がここに細心の注意を払い、石築き職工を厳選し、当時、美作の国の中で川手石築きに名工と称された国分寺村の姓は判らないが、善介というものにこれを築かせた。また、同所下手の高石垣も前者に劣らぬ重要な所であるため、また同国屈指の石築き工である姓は判らないが善五郎なるものにこれを築かせた。両者共に名工の名に背かず、通水以来、漏水ヶ所はあっても石垣に異常は認められない。当用の石築状あるいは斜状に状態が変わることはない。真に抜石はもちろん、異常石の一つも起こらないのは両人の手腕、技術が歴然としていることを物語る。かつ、請負人である藤森一九郎氏の苦心の労を記して後年の参考に供する。

十年計画の真相と請負範囲の落成

共同用水の水路の工事も宇河内の堀割溝の完成を除いて他はすべて完成した。築堰工事も第一次の工程を終え、通水量に対しては多少の不足があるものの、今期の通水状態は確かに新用水路の実状を示したもので、現在の通水状態を証明するところである。元来、本用水創設工事のような十年計画なるものは論を待たざるところであるが、初めから暖めていた企画が当時の民情に受け入れ難いものであった。単純な家屋の建築的な落成観をもって工事の企画を容易に行ったために、福田村はもちろん、周匝村の村民においても完成期が遥か先であり、実現の見通しが掴み難かった。我々担当人に対して攻撃的な悪罵《あくば》やひいては流言蜚語《りゅうげんひご》を浴びせることが生じても当たり前と思われる。しかしながら、十年の計画ともなれば、工事の進行に伴ってすべて状況や成行きによって徐々に工事の性質が変わることもあると同時に、村民各々がその事態を了解するのは当然のことである。

特に、その説明の必要を認めない場合には、我々担当人は努めてそれを控えてきた。この前、福田村の延原量次氏外数名の策士たちにおいても、工事の性質が了解できたため、請負人に罪を転化し、契約違反を名目にひとまず工事を打ち切り、少しずつ計画したらどうかと持ちかけてきたことなどは、はっきりとこのことを物語っている。本年の通水状況および築堰工事による包容水量並びに井堰の地盤状態から推測すると、年々、実果を増して完全な井堰および水路が完成することは疑い無い。そこで、請負人である藤森一九郎氏に対し、寸志の酒肴料を支給し、本工事の請負範囲の落成を表示し、契約を解除した。

福田村の共同からの脱退と契約解除

福田村が共同から脱退するということに関しては、前項で述べたように、本工事の性質上、忍耐または工事が順番に完成していくものであるという度量を持ってほしいと思うけれども、それができないというのであれば、彼等の去就は彼等の意志に任すと二ヵ村で合意している。近々、その去就について決める必要があり、どうするのかと催促したところ、早川善太郎氏や津嶌芳吾氏が斡旋に尽力し、十一年八月十六日付けを以て、今まで通り共同に残り、費金の負担等も決定して契約書に調印した。これを以てこの件は解決するものと思われたのであるが、同村の意志あるいは忍耐力は共に薄弱であり、もともと、村民の意志と地主の意志とが逆であることに原因があり、その上、画策者の扇動に乗りやすい面があるため、今回の再契約が絶対的なものとなるかどうかは判らない。二ヵ村としては、あえて不祥事を好まないし、たまたま名望のある方々の斡旋を拒絶するのも不遜の感がある。したがって、彼等の処置を受け入れたに過ぎない。

はたせるかな、数カ月後に、またまた脱退問題が持ち上がった。直ちに、脱退を承認すると意志表示を行い、公然とその旨を通知した。ついては、その付帯条件として、瀧山川の底樋中に入ってくる漉し水のすべてを福田村の用水として用いてよいことを確認し、その代わりに工事に着手してからの福田村から提供を受けた金量および物資の返還を二ヵ村に要求しないことを付けた。なお、将来において、本工事に費やした総額の相当額を出せば共同に戻ることができるかどうかという議論は保留にしたままで、共同からの脱退を宣言することとなった。そして、当初の共同契約は解除された。

しかし、これまた、これが永久の別離となるものではなく、一時的な双方の利便と感情によって成されたものと思わざるを得ない。何となれば、両村の境界は小さな瀧山川で隔てられているだけで、平坦な接続地を形成している。地味、収穫共に大差はなく、両村共に連年の旱害地として世間でよく知られた罹害地である。売買上の価値も旱害地相場としてその率が決められるという不幸な状況を免れ得ない。しかし、耕作の面では便利であり、地味が優れているということは、地租改正の基準である収穫米麦によって打出された地価並びに地味の等級に照らして考えれば、その割合が大体において双方相等しい地位と言える。もし我々が旱害による災危を一掃して無旱害地であるという事実を表明することができれば、耕作上の利便と相伴って売買代金が著しく上昇することは自明の理である。村の幸不幸は本工事に参加しているかどうかにかかっており、村の栄枯盛衰の分岐点といっても過言ではない。

必ず、数年後には、あやふやな福田村の地主や画策者らは、売買地代の割合が大きく違うようになることに気づけば、打算により共同の利益であることを悟るであろう。そして、再び共同への復帰を希望するようになり、和を講じようとするのは火を見るより明らかである。我々担当人は工事の進行上、煩わしさを軽減できるのであれば、福田村の共同からの脱退事件は一時の方便に属するものと考えた。周匝、草生の二ヵ村の地主の諸氏に対する負担金額が重くなることを憂慮したのであるが、その前に異論者を出すことなくこのことの解決を了解してくれたことに対して、我々は地主や村民に大いに感謝した。なお、共同からの脱退そのものは内々のこととし、最初の念願そのものを捨て去るものではない。しばらく、水を分けるのを中止された共同者と看做し、工事と福田村は永久に分けることができないものであるから、時期が来るのを待って共存共栄を実現することとした。

工事費の徴収難

福田村が共同から脱退することが確定したため、工事費の賦課金額を定めることとなった。工事の区分（共同費と村の負担金との分け方）、水掛り地の等級、水掛り地を拒否する土地（田地以外で、事情が止むを得ないと思われる土地については、拒否金を提出することによってそれを認める）、そして工事費、雑穀の勘定などをそれぞれ取り決めた。地主会の協力を得て、期限を定め、徴収金の請求書を発行した。今期までの共同費は総額三千二百余円である。徴収される地主においては、本工事の真価が未だ見定め難いとか、井堰工事も第一次工事が終ったに過ぎないし、その井堰が大洪水に耐えるものかどうかなどといって、日一日と支払いを延滞しようとするものもいる。特に、周匝村の二、三の有力な地主で当初から強く工事に反対していたものがいたが、彼等によって請求書の発行が妨害されたり、溝台地あるいは工事用用地の買収や借上げなどに絶対に応じないため、やむをえず工事の変更をせざるを得ないといった事実もある。これらの地主は、今なお工事ができていないとか、役にたたないとか、あるいは井堰が危険なものであるとか言って現在の通水状態を見て不安を解消した真面目な地主を扇動するなどして、徴収金の即納に応じるものがいない。たまたま有っても雑穀による残額金の納入で、ごく僅かな人々に限られる。纏まった金額が収められない状況にあるため、本年度内に収支決算が終わる見通しは立たないと思われる。

築堰第二次工事および十二年度の田植時期における新田の田植

第二次築堰工事は、仕様と異ならないように洪水による破損箇所を修繕し、第一次の捨石が散乱して坑木が倒れて枠が壊れた部分などを復旧し、かつできる限り幾重にも捨石を重複させる。また、岩石の割石などのなるべく大きいものを選んで、あるだけ平らな円に並べ、一見、巻石に見えるまで詰め込む。そして、井堰の内側面には石の隙間に応じて、小さい隙間には石を埋め込み、大きい隙間には葉の付いた粗架を石に架け、鐘で覆って砂礫の集積を促し、川底の隆起を浚渫して堰の基盤を固めるといった総巻石の基礎を造ることを主たる内容とする。

十二年度の田植時期が切迫してきたので、数日前より予行通水を始めたところ、水路に破損箇所は無く、水量も著しく増加して前年に比べれば数十倍の量である。すべてが本調子の用水路となった。我々当局者の心は大いに快感を覚えた。

しかしながら不可抗力と闘う井堰であるから、突然の羅災があるかもしれない。幹線延長が四十余丁（字河内まで）あり、水路全体の使用能力を失う危険がある事業であるから、雨が降れば雨量が少なく、河水が増加すれば水量が少量であってほしいと願う。井堰の大盤堰を見てはその堅守を口に誇り、出水を見ては万一の危険を恐れるなど一喜一憂するのである。若輩者である私が重大責任を担う結果になったことを思い、感慨無量の至りである。

幸いにも十二年度の雨季を迎え、新用水によって無事田植の季節が終わり、田に変換された土地も草生村を始めとして周匝村字小性町、町裏、高浜、河平、河内などの新田に水稲の植え付けが始められた。これはまさに新用水の成果にして実に前代未曾有の現象と言ってよい。次いで、年々、この種の新田地が増加して米の収穫が増加するであろうことは火を見るより明らかであると信じた。

工事費の金策に窮し、支払いの困難が極まれり

明治九年十二月に工事に着手して以来、我々担当者の名前で私債あるいは村債などの借金を続けた。我々に同情を表する地主から借用した地券を抵当担保として借金に借金を重ね、高利重利を詮索する余地もなかった。また、担当人諸氏の中には自己所有の衣類や扶持米麦を臨時に質入れし、肩代わり策を講じ当座をしのぐといったことは、しばしば繰り返された。このような状態を見て同情の涙を見せる地主もあったけれども、彼等は少数であり、しかも所有反数も少なかった。彼等からはすでに過分の助力を受けているため、これ以上援助を期待するわけにはいかない。

借金対策もここでまったく行き詰まりの状態となった。窮余の策として十一年度に発表した工事賦課金の未納地主に対して手厳しく督促を行ったものの、例によって応ずる者はいなかった。以前から、これらの地主は、発起当時から絶対反対者（自己の利益を実際に保証しない限り）や策略反対者あるいは日和見の人々であり、このような人たちに限って水掛り地が多大であるため変換田成地も多い。すでに、十二年度には変換田成地に水稲の植え付けを行い、日々、新用水の恩恵に浴しており、未来永遠に利益増大の端を開きたる現状を目の前に見ながらも、依然として従来の主張に頑固として固執し、未だもって分かろうとしない。我々担当人の憂慮を嘲笑する

ばかりである。資金の行き詰まりは自己資金の行き詰まりであり、すでに使った金額に対する負担は毎日毎日増加する一方であり、高利重利を伴うことが分からない愚かさに対しては救いようがないといっている人たちである。

十一年度までの工費未収のうえに、さらに十二年度に用意した第二次築堰工事用の石代を始め杭枠組木などの諸材料および人夫賃を合わせると少なかざる経費を要する。この支払い期日である旧盆が切迫しているが、前述したように金策の術も尽き、我々担当人の苦心は一層惨めさを極めた。四苦八苦しているうちに旧盆がやってきた。経費の内、労務賃金などは比較的少額であるけれども、頭数《あたまかず》に他の村民も参加して一団となり一時に事務所に押しかけ、労役賃の催促を口実に乱暴な言辞を発し、罵言誹謗を極め、殺気を帯び不穏な状態となった。そのとき私が労役賃金の支払いについて二枚舌を用意したのである。その一枚を使おうとした矢先、腕をまくり打ち掛かろうと私をめがけて突進してきたものがいる（匿名とする）。私もまた、腕に多少の覚えがあったので、二、三の彼等と辟易《へきえき》するものではないと向い合い、さあ来いと身構えた。その光景に驚き、四、五人の人が中に割って入ったため、ことなきを得たということもあった。

このような状態を引き起こした原因は、少額なる労役賃でさえ支払いできないという結果によるもので、如何に我々担当人が極度の窮境《きゅうきょう》に陥っていたかということである。一方、労役の人々が忍耐の限度を越えていたのも事実である。

水穂筋堰止めの準備

毎年、夏季に、河水が非常に減水することが起こるのは免れないことである。したがって、田原用水をはじめとし、その他いずれも六月中旬から九月の旧彼岸の中日までの間を井堰の水穂止めの期間とする習わしがある。本井堰もこれに準じ期間中に水穂止めを実行するためには、高瀬船の通行を禁止し、諸貨物の積越しを行う必要があることはいうまでもない。そこで、その準備に取り掛かった（積越しとは、井堰の内外に到着した一方の高瀬船からもう一方の高瀬船に、その積載している貨物を積み替えることをいう）。

さて、その積越しを行えば当然、転載に要する費用の全部がその貨物に合算されるため、それらのすべての価格が増加するのは当然である。その影響は上流の住民の経済に関係してくる。また、交通上の関係もまた免れないので、決して軽視すべき問題ではない。ついては、その準備としてまず、上流地に在住の商工業者の了解を得なければならない。高瀬船の所有者、船問屋、貨物問屋、運送問屋などの主な商業家に対して回章《かいしょう》を発し、周匝村に来会をお願いした。その結果、水源の地方にある一大都市である津山市から惣代として、浅山進一郎、山本竹五郎、早坂文吾の三氏がやってきた。周匝村事務所において会議を開き、我々担当人と惣代人等が参加し、新井堰の水穂止め期間中の貨物の積越しおよび、高瀬船の通行止めの件を議題として必要事項の説明を行った。質疑応答の結果、右惣代から次の提議がなされた。滝概用水必要期間中に減水が激しく用水に不足が生ずる場合に限り、水穂止めを行えばよい。ただし、毎日一定の時間に一回開放し通船させることにする。そうすれば諸貨物の品傷みもなく費用もいらない。上流地の住民の経済状態に及ぼす影響もまったく無い。この提議に異議があろうはずはない。高瀬船の所有者にとっては多少不便を感じるかもしれないが、はなはだ意義深い公共的事業のためだと考えれば、上流地の住民としても我慢のできる範囲だと思う。もし提案している積越しに固執し、貨物の価額に著しい影響を及ぼし上流地住民の経済に関係することになれば、自分たちにその代理権がないので、追って上流地住民の経済関係を調査研究したうえで、討議したいと提議した。

右は大いに考慮を要する提議であるため、しばらく休憩することとし、その間に我々担当人の会議を開き審議した。その結果、まず三代表の権限内にある諸問屋および船持ち側の了解を得るにとどめ、上流地住民の経済に及ぼすという件については、その意味が非常に広範にわたるため、次の問題として撤回し、三代表者の提議に基づき議決することに意見が一致した。その細目事項中で重要なことは、河水の減量が米五十俵（二斗五升入り）以下の積載量になるほど減ったときには水穂筋を堰とめ、その間、毎日午後一時より三時までの間に一度開放して通船させること、その他を議決し（決議録を兼ねた議定文を参照のこと）、閉会した。時は明治十二年八月十五日で、議定書二通を作成し、双方調印のうえ、各その一通を領有することとした。

参考までに付け加えると、本会議の決議事項には、甚だ不十分な部分があり、目的が曖昧であるばかりでなく、その堰き止め期間中の水穂筋の開閉に経費を要するという不利益や、上流地住民の経済に関係する問題を含んでいる。或いは、吉ヵ原村のごときは陰で上流地住民を教唆扇動して終局の目的を妨害するかもしれないという不安もある。また、田原用水からの妨害運動も加わって、一層、問題を面倒にすることもあるかもしれないが、しばらく様子をみることにした。あるいは、完成の暁には水穂止めの必要がない程度の水量を減水時に流し得るかもしれないことなどを考え、本決議に従うことにした。

反対地主の真相とその覚醒

本工事発起以来、十二年度の用水期中に至る間に本工事に対して反対の態度を固持していた者には二通りあった。一つは少量の土地所有者で、自分の住宅に接近している餅米用田地または野菜用の畑地など利便上の所有者に過ぎず、将来のことを考慮する知識も無ければ希望も無く、ただ単なる目前の不便に対して反対する者である。すでに、これらの所有地が溝掛かり潰し地となり、または工事上の用地として買収あるいは賃貸借しようとしても頑として応じない。止むを得ず迂回屈折して設溝工事を為した事例がある。公徳心の無い奴と称してはばからない連中である（特に、氏名を匿す）。

もう一つは見かけ上の反対者と思われる者である。この種の地主は、新用水掛かり地の多数を所有する人たちで、周匝村では大地主側に立つ人々である。本工事の実施について費用の仮り出しや多額の資金負担を恐れたり、また、変換田成地の多数を所有しているため、水掛かり地の水掛かりを拒否したり、なお進んでは工事が不成功に終わった場合の失費負担金の多大を拒まんとするような反対者で、内心は大きな希望を抱き、見た目は反対を装っているのが明らかにうかがい得る。したがって、成功した場合には、俄然、金と水との変換を断行するような人たちであるが、当時においては前者と異なり、所有地の多数を抱える人たちであるため、反対の言動は大いに村民または他村《よそ》持ち地主の利害関係ある人々の意を動かす点において有力なる場合がある。そのために、我々担当人に苦痛を与えたばかりでなく、工事の進行を鈍らせ、あるいは物資購入に際し払い手方に危険を思わせたり、金策に際し資金を出す側に危険視感を生じさせるなど、自己自身の不利益に帰着するに考慮せざる蒙昧《もうまい》さに至っては実に彼等のために慨嘆《がいたん》の至りであった。これら仮面反対者も、十二年度の用水期において、変換田成地に至るまで十分に灌漑水を利用することによって水稲が結実した効果を実視した。かつて危険視された橋ヶ谷上下《かみしも》の高石垣も度重なる洪水に耐え、まったく異常を来さない。その他、一般水路の溝底溝堤が固結し、芝草が繁茂し水垢が付着し水路の破損は皆無となった。

一方、築堰工事も第二次を終わって、現状は杭枠共に捨石と投込み石で埋められ、一見、巻石堰の観を呈し、井堰内には砂礫が集積し、川底が著しく埋まり嵩が隆起して自然な川底が形成された。減水時には河底が露出する部分が見られる。通常の水位で百十余間の水面幅のある大河を横一文字に堰き切り、堰き止めた河面はまさに湖のようである。これを遠くから眺めると地形上、山水絵画のような美観を呈する。田原用水から上流に設置されている井堰は数百箇所あるが、本井堰のように堅守で大きいものはなく、また、如何なる大洪水と遭遇しても根底から破壊流亡するとは何人も想像できない程の堰体を見るに及んで、前記の反対者もその仮面をかぶり続けるだけの力がない。彼等の近時の言動、動作から察するにその仮面を完全にはずしているようにみえる。特に、他所に対して発起当初から自分が屈指の発起者であると誇称するのを聞くにつけては、実に滑稽の中にもその真意を表わしているのがわかる。このようにいろいろな反対者の考え方が変わってきたのも目的達成の産物であり、我々担当人にとって大いに歓喜するところである。工費償却に要する賦課金の徴収も容易に行えるときがやってきた。水路、井堰の保全工事や第三次築堰巻石工事を施行できると信じて疑わない。

落　成

新設用水工事が何年にもわたるものであることは、前項において述べた通りであるが、第三次築堰工事は未成のままとなっている。第三次工事は当初の計画に組込まれていたものではない。何となれば、現状、即ち、第二次築堰工事を終えて、杭枠を基礎とした捨石堰が数年にわたり各種の洪水に対して、抵抗力、持続力、堰盤の不動、川体の不変などを観察した上で、総巻石堰に改めるのが順序となるためである。当然、それ以外の工事はすべて保存される工事であり、新設用水工事はここに落成し、未増有かつ源水無尽の新用水を構成することができたことは半永久的に変わらない大宝庫を持ったことになる。村住民は死地から出て活世界に着いた。昼夜、給水の必要は無くなり、水論の心配もない。耕作も安全で満作も疑いない。旱害もまったく無くなり、収穫の増大につながる。さらに、芝草地、荒蕪地、槙林、藪地、畑宅地などの変換田による収穫の増収により、二ヵ村の村民の所得する総収益は実に莫大な金額を生むであろう。かつ、前記変換より生ずる売買上の地代の増額や耕作地料の保証と無旱害地の確認による一般田の売買に伴う地価の上昇を合算すると実に驚くべき利益をもたらすに違いない。

本工事が完成することによって、本郡瀧山村地内字小深山の大貯水池（入会山の内で周匝村専用の用水大溜池）が不要になる。その水路となっている瀧山川の沿岸の瀧山、黒本、黒沢の三ヵ村の専用用水として、時機をみて周匝村が許可する計画を立てている。それによって、右三ヵ村も、また、無旱害地となり、収穫の増大を見込むことができるばかりでなく、もろもろの種目地から変換される田地からの収穫も期待できる。そして、土地の売買において、地価の昇率による三ヵ村の利益もまた多大なものとなる。

本工事の落成により予定の増収利益を眼前に目撃する福田村が、近い将来に元の共同運営の話を復旧することになることは明白である。その暁には、周匝、草生の二ヵ村と同様な利益に浴することは疑う余地もない。

以上、六ヵ村の村民の所得利益を合計すると、山間の僻地においては未曾有の大利益である。二ヵ村はもちろん、他の数村の変換地の地価の増加額は直接に国土を潤し、収穫の増加は国家経済にほんの少しではあるが利益を与え、いわゆる国利民福、殖産興業の一端を開いたと言ってもよい。明治九年起工以来、年を重ねること三年、辛苦、艱難《かんなん》の産物として大目的を達成し、工事の落成を見るに至った。数百年前からの懸案もわずか三ヵ年の短い期間を費やしただけで解決したという現状をみると実に隔世の感を起こさせる。

私はここに謹んで担当人諸氏と共に工事の落成を祝し、両手を挙げて万歳を高唱する。万歳、万歳、万々歳。同時に、野上良太、角南吉次、江田林三郎、小宮山元次郎、角南勝造、五氏の苦労を感謝し、永久にその殊功を表彰する。次いで、安光勘治氏が草生村を代表して、同村担当人諸氏と共に終始一貫した態度を守り、周匝村とすべて歩調をともにしたことが大いに本工事の目的達成に役立った点を確認し、特に、その功労を表彰する。河原屋村村民諸氏が公徳心に富み、同胞相互の実状に照らして事業の遂行を翼賛してくれた美挙を嘆賞し、感謝の意を表する。以上、六氏の功績を併せ、本用水の存続する限り、吉井川河水の流通する限り、周匝、草生、福田、三ヵ村の地形が存在する限り、永久に記念としてここに記録するものである。ただし、担当者の表彰は起工より落成まで勤続した諸氏のみを記すことにする。

補足　昔時から周匝村の田用水設備は、不完全で不足の状態にあったことはいうまでもない。いくつかのの事情により、設備を妨げられていたようである。その二、三について記述し、後年の参考に資するものとする。

地形が示すように、周匝村は、吉井川の河水を利用し、灌概用水に充当することができる天恵の地位にあるため、村民挙げてその希望を持っていた。少なくとも百数年前からの宿題であったことは古老の伝えるところである。しかしながら、その設計たるや、国家事業としては水掛かり反別の数が少なく、御上はこれを取り上げようとはしなかった。事業としては大事業であり、その資金もなかった。要するに河が大きすぎて利地が少ないため、大体において不可能な事業として問題としなかった。これが原因の一つである。

また、旧幕府時代の税法が立毛税であり、地租ではなかったため、立毛に対して減免税の恩恵があった。これに甘えていたことが二つ目の原因である。また、在来の溜池、即ち、小深山貯水池の堤を高くし、間に合わせに過ぎない姑息な工事を起こしたときのことである。その工事に関しては、当該費金帳簿の検査を名目に、関係書類の清算と称する穴探しを行い、些細な誤りのいくつかをたまたま発見すると、針小棒大に言いふらし、村民の怒りを促し、結局、当事者の功労を揉み消すだけでなく、罪の償いとして多額の清算費用を強要し、もし応じなければ私刑的に村内一般の絶交を宣言し、当事者に対し、不面目、不名誉、しいては物質的損害を蒙らせたという実例がある。このことは周知の伝説である。もし既成の事柄が有効で村に利益をもたらし功労があるときは、多くの功労仲間が続出し、功勲の争奪戦をおこし、結局、真の功労者をうやむやに葬り去るといった悪習慣が村のいたるところに影を潜めていた。時の経過とともにいままでの事実を集めてみると明らかである。このようなことがあるため、村内で知識があり、財力、技能を有する人たちは、それだけのちの事柄を蒙りやすく、共同事業に対して関係者になったり、担当者になったりすると禍害の源泉となる。したがって、傍観するのが自己庇護の一大秘訣であると、能力者階級間の考え方となっている。これが第三の原因として顕著な事実である。

しかし、片時、他所から移ってきた人は向上進歩する。明治維新の根本経済である税法の改正に伴う地租条例発布については、本村のように連年の旱害に見舞われる住民にとっては死活に関する大問題である。当時、私は若年（二十五歳）であることに加えて、単才、無知、無学であり、財産も無く、また技能も持ち合わせていなかった。特に、農業の世界に縁が無かった。しかしながら、生を周匝村に受け、住民として生活する以上、村の危急存亡の時に対岸の火災と見過ごすことはできない。そのときたまたま、村吏の末席を汚していたことが、工事手続きの上で便利であった。登場担当人諸氏の擁護により、前記のような順序を経て目的を達成できたことは本懐の至りである。無論、私は前記の諸々に弊を恐れる者ではない。むしろ、これを矯正したいと思っている。もちろん、論功を誇らんとする者でもない。時代の要求に応じ、なお、本村の犠牲者として立ったに過ぎない。あれやこれやをわかってもらうため、終わりに臨んで、私が将来に向かって希望することを述べておきたい。

第一は、本事業の中で、最も危険なものが井堰であること。今後の保護修理が最も必要欠くべからざるものであり、少しも怠慢は許されない。したがって、後続の担当者は、創業時の担当者以上の努力を必要とするであろうし、その功績もまた顕著なものとなる。創業者を擁護する意味で、努めて業に忠実に忍耐をもって従事されることを切に希望する。

第二は、工事中、農繁期や事故のため村内労役人夫が不足したり、数が少ない時に、瀧山、黒本、黒沢の三ヵ村から努めて人夫の応募を行い、かつ、右三ヵ村から無報酬の出志夫として数十人（当時の帳簿に明記してある）を提供されたことに対し、大いに感謝の意を表するため、後年、機会があれば正当な報酬の支払いを希望する。

第三は、藤森一九郎氏が損をすることを賭けて、営利目的で工事を請け負ったわけであるが、予算外の日数と人夫を費やし、かつ、水路の中で天災による破損箇所が生じたり、資金の融通がつかないために蒙った損益は少なくない。結局、多大な損失に終わったことは明瞭な事実である。しかし、自分の責任において請け負ったのであるから、請負者の負担に帰するものは忍んで我慢している。実に憐れむべき状態にあることは村内一般の認識するところである。後年になって機会があれば、報酬の形式を挙げられたく、少なくとも氏の大度量とその技量とによってできた工事であることを万世に伝えられんことを希望して止まない。

大館寛太　印

時に、明治十二年十一月二十日、工事落成と同時に従来の関係者（各自）は、ひとまず、その職を辞し、帳簿ならびに書類および関係事項の全部を保存担当人諸氏に引継ぎ、（ここに）私をはじめ、担当人諸氏の解散を宣言して終わりとした。

本書は、野上良太君の功労表彰のため贈呈する。

新設灌漑用水沿革記終

松　風

私は、三ヵ年間、灌漑用水新設事業達成のため、寝食を忘れてこれに没頭してきた。幸いにして、明治十一年十一月二十日、工事の落成を告げ、不肖の身を以ってこの大責任を果したることを喜ぶと同時に、本職を辞し、責任外に於いて地方民人の発達を促し、大いに殖産興業の奨励に努めようと思っている。そのためには自己の生活の安定を計る必要があり、少しずつその計画を進めていたところ、明治十三年三月十日に周匝村の野上悦太郎、井上駒次郎の両氏が来宅し、面会を求められた。幸い在宅中だったので面会に応じた。井上氏は、「本日、両人が伺ったのは、ある集団の依頼を受けたもので、本日に限り、両人ともに私人ではないことをまず了解してほしい」と前置きして、去る明治九年以来、貴下統督の下に落成を告げた新設灌漑用水工事費の賦課金を納めていない者が少なくない。これの完納を督促しているのであるが、二、三の人々の勧誘を勧めていると、一つの集団を組成し、右工事費に関する各種帳簿中の記載がわかりにくいとのこと、所要物資の用途、数量、その他についての当該諸氏の明確で詳細な説明を聞いたうえで賦課金の完納を行うとの主張を固守する者がいるので、はなはだお手数を煩わし、ご迷惑ではあるが、集団の希望するように各種帳簿について明確かつ詳細な説明をしていただいて、集団に満足を与えて未納工費を完納させていただきたいという旨を告げた。

私は過日来、ある人々が秘密裏に会合し、何事を画策しつつあることを感知していたので、例の潜伏魔鬼（ひそかに隠れて悪いことを企む人）の謳歌を推察し、心密かにその柄劣旧弊（昔からある悪い習慣）を改めさせることを考えていた矢先のことである。「工事に関する諸帳簿の記事あるいは関係事項等はすべて私の統督の下で行ったものである。特に、短い年月の間に生じた事故はすべて記憶に新しいので、その説明は簡単なことである。もっとも担当人諸氏の説明を要する場合もないわけではないので、一緒に説明を行うべきであろう。しかし、清算所への出頭日は、なるべく二、三日前に予定日数とともに教えていただきたい。また、出頭日当は、一日一円と定め、当日説明に必要なる問いまたは答ともに漏れなく記録して私および集団総代として三名以上の署名捺印を行い、日当金と一緒に、当日、退散の際に手渡してもらいたい。もちろん、担当人には責任はない」と答えた。

両氏は逐一、その趣旨を了解し、快諾して帰っていった。私は、翌日、周匝村事務所に出頭して両氏からの交渉の顛末を話したところ、所員は「本村としてはそのような計画企画はありません。しかし、ある方面から秘密開催をしているとのうわさは聞いています」という。その後、数日たっても何等の通知はなかった。ある人の話によると、右集団に対し、ある有力なる方面から本件は事態が極めて重大であり、特に、未曾有の大工事を竣成し、地方まれなる美挙と莫大なる無限の利益を挙げ得る財源を新設したるものに対し、些細な感情でどうこういうのは目的に反するばかりではなく、村の羞恥を醸成するようなことであると強くその非を難詰されたということである。したがって、本件は、たぶん、自然消滅するものと思われる。はたせるかな、すでに集団は解散したようである。私は、右集団の疑義を氷解しえなかったことを遺憾におもうと同時に、ある意味において、古い弊害を全滅し、村益、民利、かつ、村民和合、公徳心の普及に努められんことをあえて願うものである。

あとがき

　この追想誌にまつわる石碑が周匝の八幡宮の鳥居近くを流れる用水路付近に建立されているので機会があれば立ち寄ってみていただきたい。

　本文中に登場する野上良太は、野上類右エ門（有道）の次女・嘉多の娘婿として屋敷内に金谷姓を継いで分家した野上の初代当主に当たる。この事業が行われたときの齢は四十代中半《なかば》と思われる。私はその良太から数えて五代目に当たる。そんなわけで、我が家のタンスに眠っていた本書を世に送り出し、大館寛太の想いを今に伝える役割をここに果たすことにした。

令和三年七月

野上　祐作

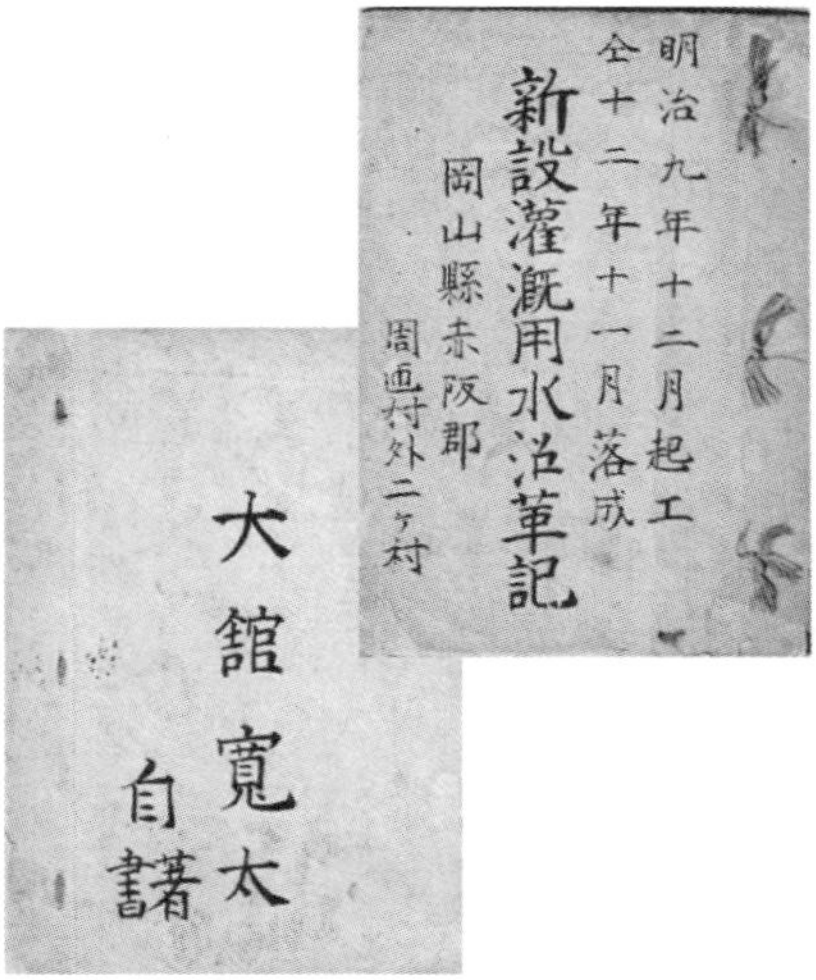

沿革記の原本の表紙

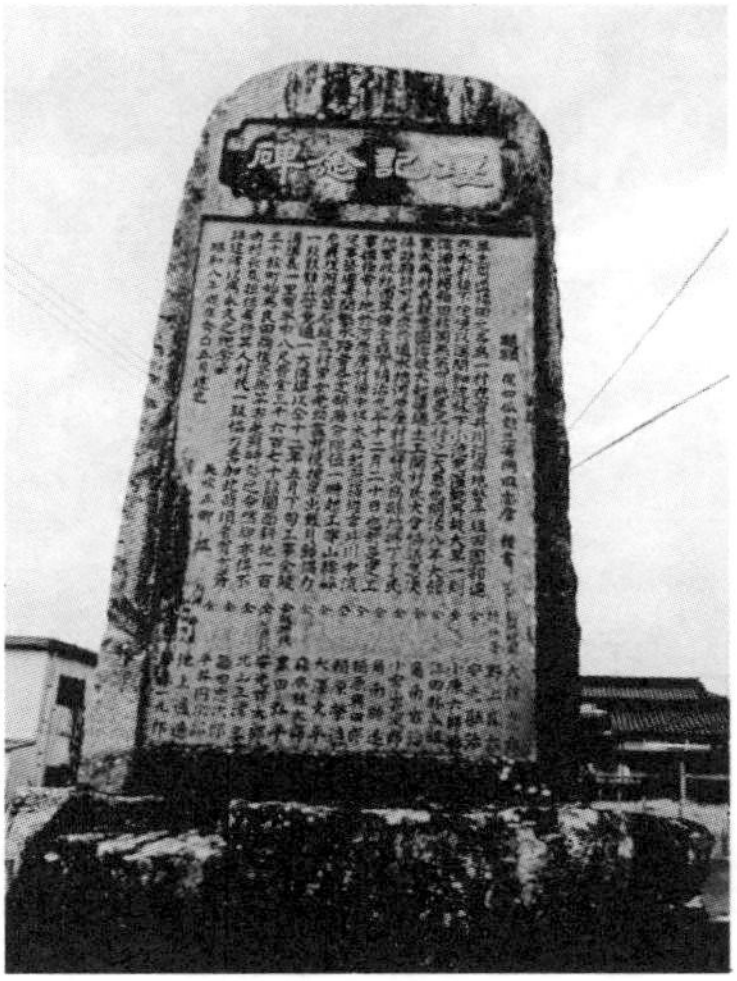

河原屋井堰記念碑

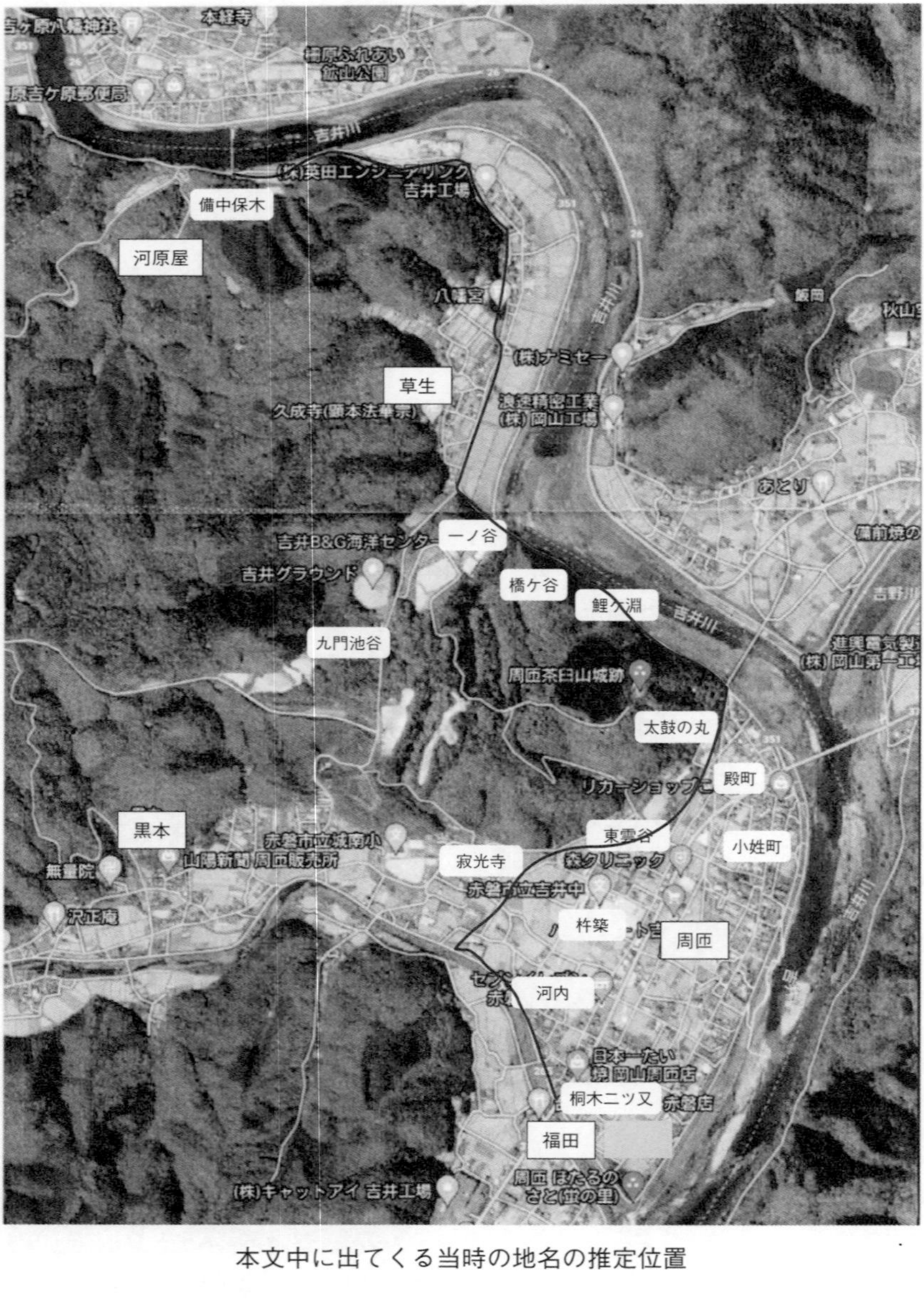

本文中に出てくる当時の地名の推定位置

■編著者紹介

野上　祐作　（のがみ　ゆうさく）

1943（昭和 18）年岡山県赤磐市周匝に生まれる。

岡山理科大学名誉教授

医学博士（岡山大学）

✣ 教育文化ブックレット ✣ 5

新設灌漑用水沿革記

岡山県赤坂郡周匝村外二か村

2022 年 2 月 28 日　初版第 1 刷発行

■著　　者――大館寛太
■編 著 者――野上祐作
■発 行 者――佐藤　守
■発 行 所――株式会社 大学教育出版
〒 700-0953　岡山市南区西市 855-4
電話（086）244-1268　FAX（086）246-0294
■印刷製本―― P・P 印刷 ㈱

ISBN978－4－86692－191－4